小資創業賺到翻！

網拍、加盟、工作室，避開創業10大地雷

張志誠 著

◉推薦序

向失敗學習，勝過向成功仿效

中小企業總會祕書長
王振保

創業是許多臺灣人的夢想，每年有無數年輕人前仆後繼，卻也有無數人黯然退出。成功創業需要大量的事前準備，許多人卻只看得到成功者回顧創業過程中的挑戰與克服，幾乎難以聽見失敗者所經歷的寶貴教訓。

臺灣中小企業占整體企業家數近九十八％，中小企業總會長久以來扶持這些中小企業發展，深感許多年輕人創業過程中面對的一大困難，便是空有熱情和夢想，卻缺乏足夠的資訊與風險意識。許多人迷信大企業，一頭哉進熱門品牌加盟，卻沒想到在一樣的SOP下，能養出百種失敗案例——

抱著開咖啡店和花店的浪漫夢想，卻無力負荷意料之外的辛苦，終於發現當老闆一點也不容易；啟動資金看似充足，興匆匆開了店，卻因為失控的財務規畫而以光速耗盡資本；明明有傑出的產品和服務，卻不懂得善用政府提供的幫助，對稅務法規也一知半解；加盟合約的陷阱、錯誤的產品定位及市場判斷，更讓許多創業者一開始就灰心喪志。

除此之外，許多聽起來必定成功的想法，執行起來也總是狀況百出。低成本、好進入的網路拍賣，為什麼還能把資金陪光？個人工作室風險低，但磨了三年依然開發不了有效客源？一人公司組成單純，只是做了半天也沒利潤，個人品牌完全推不出？更糟的是，有些人失敗了幾十次，僅管不屈不撓、毅力可嘉，依舊找不到自己的問題，只是不斷重覆著失敗。

正如本書作者所說，創業要成功，需要天時、地利、人和，然而創業會失敗，只要一顆地雷就足夠。許多人在創業前經常把前景想得太樂觀，覺得「加入大品牌就對了」、「跟著成功者一樣搞就對了」，殊不知成功者的故事太多，對許多小資本創業的小資階級來說更是太遙遠、太模糊，而且絕大部分無法複製仿效。與其如此，不如看看那些以為必定該成功的案例，究竟是如何失敗的，那些創業地雷自己又是否有能力避開？

幫助別人創業，某種程度來說也是在學習別人創業失敗的寶貴經驗。中小企業總會的價值，就是做為政府政策與民間需求的協調者，鼓勵所有有志輕年成功創業，發展健全企業，回饋社會。而《小資創業賺到翻！》絕對是創業者最好的輔助。期待每個人都能從本書了解自己的弱點，發掘自己的長處，盤點自我籌碼，讓這些前人用大筆金錢和血汗所換回的教訓，幫自己找到通往成功的路。

◉推薦序

有夢也要有藍圖

王品集團副總經理
高端訓

臺灣年輕人想創業，有夢最美，但是你準備好了嗎？

二〇〇三年，王品集團前進中國大陸開創新事業，從零開始。聽著當時前往開創新事業的主管，訴說開創時期的困境，包括資金有限、人才不足、不適應乾冷天候等，頭幾年可說吃足了苦頭！

記得當時創業的主管曾經分享，初期為了讓自己不能鬆懈，在攝氏5度的酷寒環境下也不敢開暖氣，就是為了要節省費用，縱使睡到半夜尿急，也只能憋住，冷到不敢起床，告訴自己要接受艱困環境的挑戰。可見，創業要成功，首先得要吃得苦中苦！

然而，全心投入，忍人所不能忍，只是創業的基本條件。很多創業者只有很初步的想法便投入，成功的機會自然很低。創業之所以迷人，是因為成功的果實往往非常豐碩，再加上理想的實現所帶來的成就感。不過，創業並不保證成功，通常一百個人創業，只有不到兩人會成功，甚至更低。

這本書可以提高你創業成功的機率，因為它提供了很多創業的案例，讓你從中學習別人的經驗，以及創業過程中容易踩到的地雷，讓你在創業之前就有所準備，更進一步發展出避免「踩雷」的方法。

本書可說把創業者可能面臨的問題完整的考慮，如果你可以根據所提到的內容，如評估自己的條件、準備創業計畫、進行市場調查、財務規畫等，事先擘劃出自己的創業藍圖，將大大提升成功的機率。

這是一本很好的工具書，如果你是想創業的人，它提供你創業的完整思考，讓你更篤定；如果你已經創業，它告訴你往前可能面臨的問題，讓你及早準備；如果你還是學生，這無疑是一本很好的創業參考書，讓你提早吸收實務的知識！

◉ 作者序

看別人的失敗，提高自己的存活率

很多人問我，怎樣才能創業成功？其實這問題我也曾問過很多人，每個存活下來的創業家都給了我不同的答案。有人有堅強的意志，有人有完整的計畫，有人有徹底的執行力，也有人靠的是綿密的人脈網和靈活的交際手腕，而且都不只靠一項特色而成功。

然而，一問到事業是否曾瀕臨死亡，幾乎每個人都陷入回想的沉默，最後都說，成功真必須有天時、地利、人和，才能躲過一次又一次的劫難，例如在資金耗盡前，有人介紹新的金主讓他們認識……但這種美好的際遇不是每個創業者都能碰上的。

雖然現在能笑談創業過程的危機，但我很清楚他們談的都是只差一點點就得關門大吉的生死關頭。對這些人來說，投入的不僅是寶貴的資金，還有時間，以及家人和創業夥伴的殷殷期待。創業者的壓力較之上班族來得大，上班族工作年資越深，創業時越容易陷入「自己什麼都懂」的陷阱，但臺灣對「創業失敗」這件事卻沒有歐美國家來得寬容，「成王敗寇」的傳統思維使得媒體只愛宣揚成功故事，很少告訴創業者怎樣避免失敗。

事實上，新一代的資源比過去要多很多，十幾年前，創業資訊還極為貧乏，大多數創業者幾乎都是單打獨鬥、邊做邊學習，那種遇到瓶頸卻找不到諮詢對象的痛苦，不是現在的創業者所能體會。我認識的一位老闆曾說，如果當時有人協助他檢視自己的創業條件，也許今天的他就會有截然不同的事業與規模。

經濟大崩壞時代，創業比的是「氣長」，誰能避開埋在地底下的地雷，誰就能平安走過雷區，提高創業存活率。為此，我透過自己的創業過程，不斷累積各種經驗，找出十大創業地雷，從創業資產、技能、知識，到熱門創業產業等，從各角度深入剖析病因，並邀請臺灣經濟部、勞委會、中小企業處、中小企業總會等的頂尖顧問群，一起提供寶貴的經驗，提供避開地雷的藥方。

本書能夠順利完成，我要感謝臺灣產業訓練協會理事長樓正浩、祕書長陳文彬、臺灣大食代協理鄭聰仁、前衣蝶、微風廣場視覺企劃主管許順煌……多位資深創業顧問的鼎力協助，沒有他們豐富的實戰經驗與輔導分享，對創業者來說可是一大損失。

另外，還要感謝中華民國全國中小企業總會施正剛先生及石怡佳小姐，他們提供了最新的政府創業協助資源表及各級政府貸款政策服務表，讓創業者能善用各種輔導與協助資源，不會因單打獨鬥而徒增風險。

最後，期望本書能讓廣大創業者在行動前仔細評估、調整計畫與步驟，提高成功率。

本書顧問群介紹（以下依姓氏筆畫排列）

許順煌

◉愛普力　視覺設計總監
◉力霸百貨　美術設計陳列課長
◉衣蝶生活流行館　總視覺陳列課長
◉臺北微風廣場　平面視覺企劃陳列課長
◉NET佳舫服裝公司　視覺陳列
◉形動藝術廣告公司　設計總監
◉藝術形態整合有限公司　視覺設計總監
◉基因創意整合有限公司　視覺設計總監

陳文彬

◉臺灣產業訓練協會　祕書長
◉國立臺灣科技大學　兼任助理教授級專家
◉國立政治大學　公企中心碩士學分班講師
◉行政院勞工委員會　微型創業鳳凰創業顧問
◉經濟部中小企業處　創業圓夢計劃創業顧問
◉行政院勞工委員會職訓局　TTQS輔導團顧問
◉行政院勞工委員會職訓局　共通核心職能資深講師
◉上海交通大學　海外零售學院EMBA資深講師
◉日本產業訓練協會授證MTP專業講師

◉二〇〇四年第一屆經濟部圓夢坊　績優創業諮詢顧問
◉二〇一一年經濟部綜合服務組　績優輔導顧問

樓正浩

◉臺灣產業訓練協會　理事長
◉六專管理顧問有限公司　副總經理
◉中華民國全國中小企業總會　人力資源委員會主任委員
◉中華民國童軍　桃園縣第八八團副主任委員
◉行政院勞工委員會職訓局　人力資源提升計畫桃竹苗區審查委員
◉行政院勞工委員會職訓局　TTQS輔導團顧問
◉行政院勞工委員會　微型創業鳳凰創業顧問
◉行政院勞工委員會　桃竹苗區多元就業方案輔導委員
◉經濟部中小企業處　創業圓夢計劃顧問
◉臺灣工業局　ISO 14001環境管理輔導人員
◉日本產業訓練協會授證MTP專業講師

鄭聰仁

◉臺灣大食代餐飲有限公司　協理
◉中和環球購物中心　專案籌備部副理
◉衣蝶生活流行館　桃園店副店長
◉衣蝶生活流行館　臺北店營業處長
◉日本產業訓練協會認證MTP講師

目次

序章

創業地雷，你避開了嗎？

- 即使只是開一間小雜貨店，也需要許多 MBA 課程的專業知識。
- 許多上班族經過多年磨練，其實只侷限於某特定專業能力，關於創業的完整系統營運知識依舊欠缺。

圓夢？被迫創業？

以下是真實且還在進行中的故事。

小雪是個上班族，已婚，有兩個讀小一及幼稚園的女兒，工作幾年後受不了老闆的無理要求，想要自己創業。小雪的先生小吳也是個上班族，當了好幾年業務員，但老覺得自己懷才不遇，跟同事相處也不愉快，這份工作總是讓他做得不開心。

夫妻倆開始討論該怎樣走下一步。他們聽朋友談到加盟某茶飲店非常好賺，這家茶飲店在臺灣的名氣大概可排到前五名，於是透過朋友聯繫上茶飲店總部，進一步了解開店細節。

一踏進茶飲店總部，小雪和小吳都被漂亮的裝潢吸引了。在接待區，他們看到其他桌也有洽談加盟的人，這讓他們感到熱血沸騰。小雪和小吳聽著業務人員的解說，從開辦費用、設備、裝潢、技術支援、地點選擇、行銷廣告等，感覺該問的都問了，不過小雪心裡老覺得好像少了什麼……

啊，對了！心中靈光一閃，小雪請業務員帶他們去看看現有店家的經營情況。隔幾天，業務員就帶著夫妻倆到宜蘭參觀一家位於雪山隧道入口附近的加盟店。由於地處交通要衝，這家店生意興隆通四海，不僅有過路客，附近工業區也都會外訂，小雪和小吳評估這家店每月營業額至少四十萬，毛利少說也有二十萬（「大家不都說賣飲料的毛利至少一半嗎？」小雪心想），這比兩個人平常上班賺得更多，兩人站在加盟店前，開始想像將來的創業大夢。

便宜店租 & 優勢判斷

兩人很快就決定加盟，加盟金加上生財設備、店面裝潢等大約要兩百萬，小雪還有一個優勢，就是她媽媽在新北市三重區重新路靠橋頭邊有個空店面，月租約六、七萬元。不過他們決定加盟後再跟媽媽提這件事，然後每個月給媽媽三萬元，這樣不僅可省下一半店租，還可以住在店面二樓，工作和生活只有一個樓層的距離，小雪的算盤打得很精。

此外，小雪也自認為這個店面的地理位置非常好。店面左邊二十公尺處就有公車站牌，右邊五十公尺處是熱鬧的夜市，過馬路再走二十公尺就是捷運站入口。小雪心想，消費者經過店面順手買杯飲料再去等公車是很正常的，夜市近在咫尺，人潮肯定也比公車站更多，再加上捷運臺北橋站開站，三者「優勢」相加，龐大人潮一定能帶來更多錢潮。

其實，小雪的媽媽原本想把店面租給別人，每個月收個六萬元租金，再補貼小雪三萬元去找別的店面，而她至少每個月還有三萬元收入。且這個店面位在三重往臺北市方向的陰面

（馬路人潮較少的那一側），加上位在整排房子的中段，其實並不適合茶飲店，但女兒既然開口，做媽媽的只好同意。

一個多月後，小雪的茶飲店開張了，從上班族變成老闆，小雪和小吳開始想像未來可以過著「數錢數到手抽筋」的日子。

一開始，加盟總部提供開幕折扣、買一送一等促銷活動，第一個月生意確實很好，對消費者來說，打折、買一送一永遠是嘗鮮的理由，不過沒多久，生意就隨著促銷活動結束而逐漸下滑。

當開幕促銷活動的海報取下後，小吳明顯感覺顧客比開幕期間少，不過他們還沒有特別在意。根據加盟總部的建議，只要將產品顧好，加上這個連鎖品牌的知名度，相信維持穩定的生意肯定沒問題。

「穩定下滑」的營業額

小雪在六月底正式開店，頭一個月確實讓只受過基本訓練的兩人大吃苦頭。特別是每天早上都要煮茶、煮粉圓，補充原物料，又要應付客人，訓練工讀生，讓小雪和小吳倍感艱辛。兩人的雙手都曾在煮粉圓或煮茶時被燙傷過，忍不住嘆氣：「以前看別人開店做生意很簡單，自己跳下來做才知道開店真是難啊！」

為了應付未來湧現的消費人潮，小雪和小吳認為必須提早培養人手，否則客人老是等不及飲料做好肯定會跑掉，於是小吳請親戚的小孩來當副店長，另外又請了六、七個計時工讀生，加上夫妻兩人，他們認為這樣應該足以應付日常經營所需的人力。

過去當上班族，夫妻倆每週都會帶孩子出去玩或回南部老家，小雪堅持要給孩子完整、最好的生活，即使創業初期，兩人還是堅持週日休息要帶孩子出去玩，把店交給副店長跟工讀生照料，如果人數不夠就再多請幾個人。

創業滿三個月後，新鮮感消失了，消費者也選擇到更方便的地點購買。為了讓更多商圈外圍的消費者知道自己的店，小吳決定印製自家茶飲店的ＤＭ，而且因為印製成本不便宜、擔心被工讀生隨便亂發，小吳還決定自己發。忍著中午的豔陽高溫揮汗發傳單，此時才知道看似簡單的傳單發送原來也有學問。只是幾天下來，他發現如果連發ＤＭ這種小事都要自己做，那店裡生意誰來照顧？小吳一邊發ＤＭ一邊怨嘆，為什麼看別人開店很簡單，自己開店卻搞得手忙腳亂，頭昏眼花？

暑假結束時，在小雪的店與夜市馬路之間開了另一家品牌的茶飲店，小雪和小吳的恐慌不知如何形容，嘴巴卻不能示弱：「那家店的茶品又沒有我們家有特色！」、「你看那家店的老闆娘穿得破破爛爛的，這樣的店怎麼會有水準？」小雪給競爭對手下了這些評語，心裡卻擔心自己的客群與市場會被瓜分。漸漸的，每天的營業額開始下滑，而且不是下滑幾天又上升，而是「穩定下滑」。

燒錢 & 累到死

同時，小吳開始對加盟總部控制各種原物料並索取高額費用感到不滿，因為同樣的原料，他自己找到的貨源可降低二至三成的成本，無奈當初自己也同意了合約上的條文。他開始想，該怎麼降低原物料成本，又能躲過加盟總部的稽查？他分析奶精、粉圓、牛奶、糖精，然後尋找相同的替代品，最後在大賣場找到同品牌、價錢便宜許多的奶精，便決定買一個月的量來試試看。

一個月後，加盟總部定期來訪的訪視員問小吳，總公司系統發現上個月小吳的奶精訂購量比往常少了一半，「是否平常製作飲品時將奶精數量減半？」小雪和小吳聽到「欽差大臣」不經意的詢問，心裡冷汗直冒，但還是異口同聲：「沒有啊，我們都按照ＳＯＰ（標準作業流程）製作的，可能上個月賣出的都是奶精用量少的飲品吧！」

「不過根據每天傳送回總公司的營業紀錄，上個月賣出的產品都很正常喔！」小雪和小吳被問得啞口無言。

「過去也有加盟主自行使用別家品牌的原料，後來因人贓俱獲而被重罰。總公司其實也不希望再發生類似的事。」訪視員很善意地說，話雖講得輕重合宜，卻也暗示了兩人，總公司知道加盟主會搞什麼鬼，別把他們當白痴。

冬天到了，茶飲店的淡季也到了。一晚打烊後，小吳和小雪在二樓邊吃宵夜邊商量，他們發現光是計時工讀生的總薪資就超過六萬元，加上商業用水電費，總開銷比起他們當初設想的要高出許多。

「幸好我們的店租只有正常的一半！」小吳發現他們這幾個月的毛利，比兩個人上班時加起來的收入還要少，他突發奇想，跟小雪討論了一下，覺得能省多少算多少。於是過了幾天，趁著小雪的媽媽不經意問起茶飲店的狀況，兩人便大吐苦水。小吳拜託岳母每個月的店租能不能再少個一萬元，等夏天旺季時再一併補還？小雪媽媽心裡老大不高興，卻也沒臉皮拒絕，最後只好答應女兒、女婿的請求，每個月只拿兩萬元店租。

就這樣，店租雖然減了，但每天重複煮茶、開店、打烊、清洗、補貨的工作，還是讓兩人越來越覺得自己把創業想得太美好了。原以為能夠穩穩當當地做老闆，沒想到每天被綁死在店裡，工作時間比以前當上班族還長。

過去兩人的收入算中等，在父母羽翼下，還能維持中產階級的模樣，週末到百貨公司喝下午茶，或是帶兩個女兒趴趴走。現在每天都被鎖在幾坪大的店裡，夫妻兩人鬥嘴、吵架的機率越來越高，從原物料沒準備好，到打烊後忘了關設備電源等都能吵，兩個女兒看著父母惡言相向、摔杯砸碗，常常嚇得躲到房間；風暴過後，夫妻倆看著哭倦的孩子又深感愧疚，但親朋好友都知道他們開了茶飲店，如果這樣收起來，不是被大家笑死？

特別是小吳，他曾跟親戚們誇下海口，要開一家最賺錢的店，因此無論如何也要撐下去。但究竟還要投入多少錢才能穩定獲利？還是該設立停損點，免得血本無歸？小吳其實也抓不定主意，最近他甚至決定回去跟老東家談，看能不能接一些案子來做，多少補貼一些。

這個現在進行式的創業故事，是否覺得似曾相識？因為每個人多少都聽過親朋好友的創業經驗，有人成功，有人苦撐，還有更多人退出戰場。如果說創業如作戰，那創業的過程就像通過一大片地雷區，安全通過才有機會在戰場中存活，而各種過程中可能犯下的錯誤，就像埋在地下的地雷。

從以上的故事，你看到了哪些問題？在小雪和小吳的創業過程中，哪些地方是隱藏在地下，足以炸死創業者的地雷？

首先，我們至少可以發現小雪和小吳在創業過程中踩到以下這些地雷：

地雷 1：創業動機與態度

1. 因為厭煩現有的工作，或不願意幫老闆打工而想創業。
2. 高估自己的抗風險及抗壓力。
3. 對創業抱太高的期望。
4. 低估創業的高風險性。
5. 把當老闆想像得太輕鬆。
6. 沒有全心投入創業的決心。

地雷 2：創業計畫

1. 沒有做創業前的資產盤點。
2. 創業前沒有撰寫創業計畫書。

地雷 3：市場調查

1. 過度信任他人（朋友、親友）的片面之詞，未親自進行市場調查。
2. 只跟著市場潮流走，沒有考量自己的專長與能力。
3. 對想投入的產業認識不足。

地雷 4：地點分析

1. 未考慮創業產業與地點的關係。
2. 未詳細調查潛在消費者的流動動線。
3. 未分析競爭對手的地理位置。

地雷 5：消費者行為

1. 未分析消費者的消費習性。

地雷６：經營管理

1. 沒有足夠的試營運時間。
2. 對競爭對手的崛起沒有因應對策。
3. 違反加盟總部的規範。

地雷７：人力資源

1. 僱用過多的計時工讀生。

地雷８：教育訓練

1. 未給予計時工讀生足夠的教育訓練。
2. 不信任計時工讀生的工作品質。

地雷９：財務規畫

1. 沒有仔細分析創業所需投入的資金。
2. 財務規畫過於樂觀。
3. 沒有仔細評估創業後的管銷費用（各項管理與推銷費用）。

地雷１０：退場機制

1. 未設想在一定時限內，創業計畫未達設定目標的因應對策。

相信這些都是很容易就能看出的創業地雷，不過創業過程中真的只會有這些地雷嗎？當然不只，但相信你也能看出，光是這些顯而易見的地雷就足以毀滅一個人、甚或一個家庭的創業夢想，我們怎能對創業不戒慎恐懼呢？更何況，大環境對小型或微型創業者如此不利，創業前能不小心謹慎？

我發現臺灣的上班族普遍對創業抱著極強的企圖心與信心，有信心不是壞事，但創業絕不是開玩笑，如果原本就想創業，還能承受各種壓力，但如果是因為大環境的因素而被迫走上創業之路，結果通常只是面臨另一個苦差事而已，更可怕的後果是把手上僅有的資金全賠進了無法回收的無底洞。

此外，創業也需要知識，而工作資歷越深的上班族，愈容易自以為對創業有豐富的專業知識。但弔詭的是，上班族的專業知識、技能與經驗，常因為在職場待得越久而越侷限於某特定專業。例如研發人員只對技術在行，對市場趨勢與消費者行為一概不知；行銷業務人員只知市場反應，卻沒有財會及成本概念等。

其實事業不分大小，任何型態的創業都需要有足夠的跨領域知識，即使是老一輩開雜貨店的阿伯，同樣也要有下面這些企管知識或經驗，才能在激烈的市場競爭中存活：

◉每天觀察來客量及營業額——**客流量與營業額業務分析**。
◉根據每一段時間的銷售狀況和庫存量，向上游批發商下訂單——**庫存分析**。
◉每天打烊後算算看收了多少錢——**財務管理**。

◉看看批發商或市場上是否有新產品出現——**新產品引進**。

◉每天固定在店門口坐坐，看看社區是不是有新面孔——**客戶開發**。

◉定期給工讀生一些獎勵，像是補貼餐飲費，或是加班費、年終紅包等——**員工獎勵**。

◉留意社區中是否有不錯的年輕學生，萬一現有店員離職才有替補人選——**人事管理**。

◉主動認識社區的里鄰長及管區警察，並維持良好關係——**社區關係與保全系統**。

◉考慮明年開分店的可能——**發展策略**。

◉保留來詢問店面售價的房仲或相關業者的聯絡方式——**退場機制**。

怎麼樣？很難想像即使只是經營一家小小的雜貨店，也需要這麼多ＭＢＡ課程的專業知識吧！更何況是經營一家規模大很多的店家或公司。上班族的迷思就是自認為自己歷經多年磨練，專業技能絕對足以經營一個小店面，甚至還覺得自己大材小用。可惜的是，你只是比較熟悉某特定專業而已。你做得越久，只是越專精這項專業，至於完整的系統營運知識與能力還是欠缺。小雪和小吳的故事告訴我們，事前沒有詳細縝密的分析規畫與專業學習，失敗也不足為奇。

此外，包括上班族在內的創業者對創業這件事總有些不切實際的想像：

1. **把創業結果想得過於美好**

創業跟炒股一樣。手上有一筆資金的投資人都認為投資肯定會賺錢，聽到親朋好友的傳言，甚至菜市場的耳語，告訴你「那一檔股票我已經賺了一票，而且聽說主力還要繼續炒」，就急著跟進。創業也一樣，聽到身邊的人說巷口的小李去年加盟便利商店，現在已經開第二家了，就急著想趕快也開一家自己的便利商店，免得錢都被小李撈光了。

2. **沒考慮退場機制**

很多創業者剛開始只看到成功的光明面，卻沒想到如果無法達到自己預期的目標，接下來該怎麼辦。這時候很容易陷入進退失據的兩難局面。要收掉？投入的大把資金和人力就這樣沒了；繼續加碼？萬一生意還是沒起色，那不是越陷越深？

3. **沒有成本觀念**

這是一個很矛盾的現象，越是小資本或個體戶，創業時往往越沒有縝密的成本概念和財務規畫。不過這一點也很常見，畢竟中大型企業的成立，基本上都會有研發、生產、行銷、業務、財務等不同專業的人聚在一起，但微型企業或個體戶常常只具備某一種專長，也很少具備財會背景，因此沒有成本觀念的創業也變得很平常。

4. 過度高估過去累積的職場人脈

在家靠父母，出外靠朋友，創業更需要多方人脈的協助，最簡單的就是給通訊錄中的所有名單發封信：「我創業了！歡迎有需要的朋友找我，一定給您優惠！」但實際上，這種信往往石沉大海，就算有，**人脈帶來的業務往往只是友情贊助，並不能成為穩定客源**。

當然，也有不少廣告或公關公司的業務是帶著人脈自立門戶的，對於這種個體戶，他需要的是在創業的前兩年掌握穩定的客源，即使只有一個也夠了，只要能做出口碑，一年內開發新客戶並非難事，反而是規模擴大之後，才會產生客源不足的問題。

5. 過於低估創業的壓力

如果你覺得每天早上得早起趕在九點前打卡，或是對週末還要到辦公室加班非常不爽；如果你對辦公室政治或人際相處非常感冒，或是看到一大堆單據或報帳資料就覺得頭大，那我真的不建議你走上創業之路。畢竟即使是郭台銘，每天還是得處理集團內層出不窮的問題。

本章一開頭的故事主人翁小雪就是把「創業」跟「當老闆娘」直接劃上等號，也就是說，大多數上班族會以為「創業」等於「提高生活品質」，**事實並非如此**，這也是很多創業上班族最後還是選擇回歸職場的原因。

6. 急於實現理想企業的夢想

這也是我最常看到的上班族創業迷思之一。因為自己上班時，看到的都是老闆怎樣苛刻對待員工，每次都會想：「輪到自己當老闆時，一定要開一家絕不虧待員工，宛如天堂的辦公室！」就像千禧年網路泡沫的前兩年，許多網路新貴拿到的資金多到數不清，這些網路金童玉女除了給員工最好的硬體設備，而且辦公室到處都有吃不完的零食、每週五都是主題工作日，還可以帶寵物來上班……各種過去當上班族時的夢想，在自己當家作主後統統實現。

即使到現在，我還是常聽到一些網拍天后級的年輕創業者說：「我們要給員工一個最幸福的工作環境」。有這樣的想法不是不好，只是要量力而為，畢竟經營企業的最基本責任就是「生存」，想要生存就得有獲利，需要穩固的營利基礎，否則各種福利措施只會像煙火一樣，絢麗卻短暫。

美國知名創業家，同時也是知名作家雪爾登．包樂斯（Shedon Bowles）曾說：「當你想要創業時，必須配合自己的熱情。」熱情是推動人們前進的動力，創業也一樣。包樂斯最喜歡問別人：「你最喜歡做什麼？」他認為，只為了賺錢而創業，而非為了滿足心中的熱情，這樣的創業不會成功。因為你做的如果不是喜歡的工作，一定不會投入時間把事情做好。這些話說得對極了！很多人創業是因為被環境所逼，例如因為被裁員而只好創業，或者看到別人成功的故事而也想賺大錢，但這些出發點都不是成功創業的動力來源。別忘了，只有熱情才能讓人廢寢忘食，就如同小雪和小吳不知道創業需要投入高度的熱情與大量的時間，只看到賺大錢這個面相，才會在創業後有上了賊船的感覺。

人們都習於看成功者的故事，殊不知成功需要天時、地利、人和。然而，創業會失敗，只要踩到一個地雷就足以致命。當然，反過來說，只要能避開創業過程常遇到的陷阱，自然能增加存活率。

創業避雷指引——

張志誠

1. 別因為厭惡現在的老闆或工作而創業，也別只為了賺錢而創業。
2. 你可以一再創業，失敗了再嘗試；但一定要從慘痛失敗中記取寶貴的教訓。
3. 因為創業初期的成功而過於自滿，只會給競爭者超越你的機會。
4. 創業需要天時、地利、人和，各種條件配合才會成功；但只要踩到一個地雷，就足以致命。
5. 別過度相信任何片面的創業建議，而忽略了實際走訪市場的重要性。
6. 創業未必能提高生活品質。當員工可以晚點下班，當老闆永遠沒有下班的時候。
7. 即使是開一家小雜貨店也需要各種經營知識。
8. 商場上沒有永遠的藍海。一個全新、沒有競爭對手的藍海市場，終有一天會隨著競爭者以降價策略投入而變成紅海市場。
9. 越是老鳥的上班族，越容易侷限於某特定專業、知識或技能。
10. 別高估了過去累積的職場人脈，人氣未必等於買氣。
11. 經營企業的最基本責任是「生存」，想要生存就需要穩固的獲利。

最重要的是，每個創業者在踏出第一步之前，都應該先做好各種軟硬體的資產盤點，即使是加盟這種已經極有品牌名氣的茶飲店也一樣。

第1爆

個人資產盤點做了嗎？

- 起步前缺乏軟硬體資產盤點與自身優劣實力分析，是失敗的主因。
- 一個出色的上班族未必等於成功的創業者，即使是加盟熱門品牌也一樣。

創業網站「阿甘創業加盟資訊網」2012年最熱門的加盟開店創業行業排行榜

2012年1月1日～1月31日

本月排行	行業名稱	比較上月排行	上月總人氣	本月總人氣	人氣成長
第1名	小吃店	一樣	1353747	1390709	36962
第2名	中式餐飲	一樣	897630	922827	25197
第3名	攤餐車	一樣	1098250	1119593	21343
第4名	飲料冰品	一樣	532869	548741	15872
第5名	西式餐飲	一樣	397706	407721	10015
第6名	咖啡	一樣	356447	363240	6793
第7名	早餐	上升	340144	346435	6291
第8名	火鍋店	下降	178228	183422	5194
第9名	服飾用品	下降	196645	200515	3870
第10名	生活用品	下降	163525	166104	2579

2012年11月1日～11月30日

本月排行	行業名稱	比較上月排行	上月總人氣	本月總人氣	人氣成長
第1名	小吃店	一樣	1588376	1617608	29232
第2名	攤餐車	下降2名	1251757	1266231	14474
第3名	中式餐飲	上升1名	1073919	1097251	23332
第4名	飲料冰品	上升1名	709010	724050	15040
第5名	西式餐飲	下降4名	406748	415163	5415
第6名	早餐	上升1名	419591	427034	7443
第7名	火鍋店	上升1名	213978	219833	5855
第8名	生活用品	上升1名	196683	201879	5196
第9名	咖啡	一樣	331257	334807	3550
第10名	服飾用品	一樣	228982	230971	1989

作彈性的自由」。有一八%的人坦言有意創業的原因在於求職不順或現職工作不穩定，但其餘八成二的人雖然現職工作穩定，仍有意創業。

看來，不論景氣好壞，臺灣人想創業，不僅是想要有更好的收入，還有強烈的「寧為雞首，不為

起步前的資產盤點不可少

一般企業每年都會進行資產盤點，過去主要以固定資產為主，最近才開始注重人力盤點，目的都在了解企業自身現有的資源，明白自己想達到營運目標還欠缺什麼，而創業的資產盤點也是同樣的目的。在創業前先了解自己到底有什麼資源、欠缺多少，才能知道想達到目標還需要什麼。

一個出色的上班族未必會是成功的創業者。創業者勢必有期望與憧憬，希望藉由創業創造生涯的巔峰，然而現實世界裡，創業不是只擁有一個自認為會成功的創新產品或營運模式那麼簡單。

事實上，只要看看滿街貼著的「店面招租」紅紙條就會發現，雖然臺灣創業族活力旺盛，但大多只靠一股衝動，缺乏事前規畫與自我盤點，是創業者屢戰屢敗的主因，因此事前才更需要確實檢視自己的條件，盤點創業資產。

個人的資產盤點並不難，其實就是有系統的想一想自己有什麼、缺什麼。不管創業或就業，都可以想想以下問題，因為這些問題可以分析出自己的優缺點：

個人能力

1. 我的專長是什麼？
2. 我對某項事情有超乎常人的興趣，願意付出時間、金錢去學習？
3. 我是否有任何專業證照？
4. 我敢直接敲陌生人的門推銷我的產品嗎？

人脈經營

1. 我有氣味相投，可以深談各種創業想法的同事或朋友？
2. 我有幾個熟識到能開口借錢的知心？還是都只有吃喝玩樂的泛泛之交？
3. 我的通訊錄中有多少會購買產品的潛在客戶？

啟動資金

1. 我的銀行戶頭有幾位數存款？
2. 如果實在籌不出創業所需資金，我知道哪些正當的籌資管道？

創業者的重要經營資源——產、銷、人、發、財

簡單說，創業就是「做生意」，這時候我們還是得提到企管系或EMBA一定會講到的五個企業經營基礎，也是創業者的重要經營資源——「產」（生產）、「銷」（銷售）、「人」（人員培訓、人力資源）、「發」（研發）、「財」（財務管理）。雖然不見得搞定這五大要素就能保證創業成功，但地基打得好，至少蓋好的房子比較不會歪七扭八。

「產」牽涉到產品生產，在分工細膩的今天，創業者不見得非要有從原料到成品全包的一條龍生

產線，但至少要了解生產技術或具有稽核產品品質的能力，以確保產品符合要求。

「銷」指的是銷售，把產品銷售出去並收回貨款就是「銷」。我第一份工作的副總曾說過一句讓我永遠銘記在心的話：「永遠別擔心沒人賣產品給你，永遠要擔心能不能把產品賣給別人。」此外，「銷」也包括價格訂定，因為產品再好，價格設定錯誤，還是很可能變成庫存。

「人」指的是「人和」與「人才」。所有的創業能否成功，歸根究柢都要回溯到「人」。美國奇異（GE）公司前任董事長兼首席執行長傑克・威爾許（Jack Welch）說得好：「人對了，事就對了。」可惜很多創業者都不知道，自己一個人不可能搞定各種大小事，如果找到的又都是個性、理念不合的夥伴，只會讓事業變成多頭馬車，讓自己每天陷入內憂外患。

這還只是指創業合作夥伴的「人和」，另一部分則是指人才培育。即使是加盟創業，雖然手上有總部的人才培訓手冊，但如果創業者不懂得怎樣透過培訓養成人才，自然不知道如何對員工充分授權，也培養不出將來可以接班的人才。如此一來，不僅缺乏有能力的員工、凡事得事必躬親，也很難將事業做大。

「發」指的是研發，研發不是只有產品研發，還包括各種流程研發等。創業者常犯的錯誤之一，是在有了一個象徵創業成功的代表作之後便鬆懈了，陷入聯發科董事長蔡明介所說的「一代拳王」理論，亦即因為自滿於那個成功的產品，認為只要有這個產品就足以打遍天下無敵手，於是疏於繼續研發、改良。然而，自己成功了，可不代表別人不會努力超越，持續研發才是讓事業不斷前進的引擎。

「財」當然指的就是財務規畫，這也是中小型及微型創業者最弱的一環。財務是創業者的命脈。沒錢，再偉大的計畫都不可能實現。而能否得到金錢資助，以及如何有效運用手頭資金，都是財務規畫的領域。很多創業者拿到資金，特別是創投或私募資金時，大概都是一輩子拿過最多錢的時候，錢一多就忍不住亂花。

我在二〇〇〇年投入新事業團隊時，正是網路泡沫前的榮景，當時曾去拜訪一家搞網路社群的新創公司，一進會議室，被好大一張玻璃會議桌和一整排全新的高級皮製座椅嚇到！光是這個會議室的陳設就不知道要花掉多少錢，而我自己投入的創業團隊則是一家傳統產業電纜公司的新創事業部，其會議室跟這家新創公司比起來，只能用「寒酸」來形容。但網路泡沫後，這家網路公司很快因為資金無以為繼而消聲匿跡。

創業比的是「氣長」，關鍵在於善用手上的每一分錢。就如同網路泡沫時，大多數的新創業者都因燒光資金而倒閉，存活下來的，都是在網路泡沫的冰河期善用僅存資源、尋找新營運模式、最後開創新事業的人。

「產」、「銷」、「人」、「發」、「財」是創業者的重要經營資源，其實每個人都擁有各種資源，只是平常沒有仔細評估，創業正是個自我盤點的好機會。

有形與無形的個人創業資產

至於個人的創業資產則有不同的分類，建議分成「無形資產」與「有形資產」兩大類來檢視。

無形資產包括創業性格、商品技術力、市場關係力、業務開發力、人脈經營等。其中，創業性格是成功的基石。創業不比找工作，如果找到不合個性的工作，損失的不外乎是一些時間；但如果創業失敗，損失的不僅是時間，還包括過去長期累積的儲蓄，資金若是借來的，一次跌倒更可能讓人一輩子翻不了身，因此在有創業念頭時，最好先檢視自己的個性適不適合創業。

例如，在商場上，老闆承受的壓力其實比員工要大很多。當老闆必須隨時觀察市場變化、主動挖掘商機，隨時都要伸出「觸角」接收各種訊息；下午六點原本是上班族的下班時間，自己當老闆的創業家卻才剛結束一天的業務拜訪，回到辦公室開始處理公司事務；創業初期，當老闆的每天工作超過十六個小時是稀鬆平常的事。因此如果無法承受超過一般上班族程度的工作壓力，倒不如在公司裡努力工作，一步步往上爬，也不失為另一種創業模式。

至於人脈，指的則是自己的個性與人際關係，兩者可說是一體兩面，缺一不可。再有能力的人也無法獨自完成工作，創業的過程需要各種不同的人才來共襄盛舉，如果平常在公司就頤指氣使、自以為是，無法包容別人的想法與建議，或是非常不相信別人的工作品質、旁人犯一點小錯就永遠記在心裡，自然看誰工作都不順眼，當然也不可能有好人緣。到最後，創業夥伴不支持你，員工也不佩服你，這種個性自然也不適合創業。

人脈的用途可大可小，大到資金調度，小到店面裝潢，如果有熟人剛好有這方面的訊息，做起事來自然可省掉許多事前調查功夫。

人脈類型可分成⑴潛在客戶、⑵創業夥伴、⑶投資者、⑷上下游廠商、⑸策略夥伴等。人脈來源則可分成⑴親朋好友與同學、⑵職場同事、主管、⑶客戶、⑷上下游廠商、⑸社團、訓練課程同學，甚至⑹以前的老闆。每個人至少都能畫出一張基本的人際關係圖。

我記得有本書說過，只要透過六個人，你也可以跟美國總統搭上線。我想這說的是人脈運用的重要性，相信每個人都有類似的經驗，常會發現朋友的朋友手上有些訊息足可解決我們的問題。像我之前需要買台二手貨車，雖然我從沒買過貨車，但曾聽同事提起，說他的哥哥在汽車經銷商工作，便透過這關係而有了一份二手車商名單，接著便打電話告知車商我的需求、預算，很快便找到足可信賴的車商，以合理的價格買到符合需求的貨車，而這中間前後只經過兩層人脈。

人脈需要梳理，更需要時間培養、整理。許多人手上累積了數百張名片，卻沒有依照關係、親疏、專長、資源加以分類，常常空有成堆的人脈寶山卻不知貴人就在其中。如果能事先建立好人際關係，創業時自然事半功倍，也能降低創業風險。

此外，人脈培養常踩到的地雷就是「臨時抱佛腳」。也許現代人非常忙碌，每天光是工作就耗掉太多時間，剩下的空閒除了睡覺休息已所剩無幾。但科技時代的好處就是有各種科技產品幫我們把人際關係連結起來，如果沒辦法常和朋友聯繫，如臉書一樣的社群網路在現階段肯定是個好工具。

不過，臉書也不能只是很簡單的按「讚」，最好除了留言，還要多針對自己感興趣的創業、產業、職場主題發表感言，讓朋友慢慢了解你的企圖心，同時利用臉書展現自己的專長、嗜好，以及各種代表自我能力的訊息，光是「打卡」這類的活動是沒有太大幫助的。

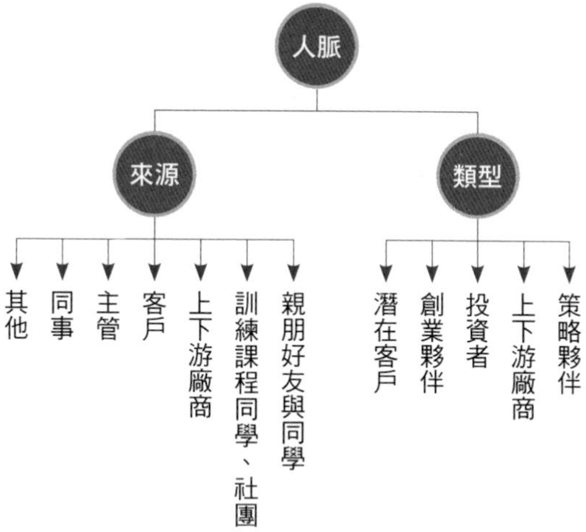

讓產品通過市場考驗＆資金籌措

此外，產品當然是很重要的創業實力。很多人都因為看到市場的某一塊商機，或是認為自己的產品夠出色，才跳下海創業，然而，唯有想辦法讓產品通過市場的考驗，才算跨出創業的門檻。

交大資訊工程系學生組成的華苓科技就是一例。他們的「Agentflow」軟體是國內第一個用 Java 語言寫成的工作流程管理軟體，當時還在念交大資工博士班的總經理梁賓先和副總經理楊基載，與教授、學弟經過無數次的討論，認為這個軟體極具市場潛力，決定由市場來印證他們的想法。

他們開始按電話簿找出軟體的潛在客戶，一家家敲門拜訪，每天都忙到半夜一、兩點才回家。因為有好產品加上積極拜訪，不久，衛生署便成了華苓科技的第一個客戶。就這樣，他們敲開了一家又一家企業的大門，現在中華汽車、技嘉、智原、國家衛生研究院等知名單位都成為他們的客戶，也讓華苓科技站穩了腳步。

自一九九九年創業至今，華苓科技從默默無聞一直到現在穩定茁壯，可說是因為出色的技術與產品才能有成長的機會，而勇於敲開陌生客戶的門，更是這個初生企業存活下來的重點。

許多人因為沒有一技之長，創業時只好選擇連鎖加盟。但若有幸擁有獨特的技術或產品，自然較容易在市場上占有獨特的地位，也更容易切出一塊屬於自己的市場餅塊。不過，許多工程背景的人對機器很有一套，卻不知道怎樣開發業務、與人相處。建議你如果無法獨立開發市場，最好找其他業務專才來一起創業，免得淪落到曲高和寡的下場。

從創業調查中我們也發現，「創業資金籌措」是創業者在「創業最大的外在阻力」與「最需要的創業資源與協助」兩道題目中都名列第一。

一開始，創業者都需要投入自己的積蓄，不過創業不比賭博，我絕對不建議創業者把所有的積蓄家當拿來做為一場豪賭的賭金，最好留下一部分作為保命錢。

除了自有資金，不足的部分則可透過以下方法來募得：

1. 合資入股
2. 親友借貸
3. 標會
4. 政府相關貸款政策
5. 銀行相關貸款
6. 抵押貸款
7. 創業大賽獎金

臺灣的中小型創業中，向親友借貸是最常見的籌資方式，另外合資入股也是技術創業常見的方法，華苓科技的創業團隊就是一例。他們十多位原始股東每人出資二十五至三十萬元不等，就籌得兩百五十萬元的創業資本。

政府的相關貸款政策則包括：

1. 經濟部中小企業處青年創業貸款
2. 行政院勞工委員會微型創業鳳凰貸款〔注1〕

3. 農委會輔導農村青年創業貸款
4. 原住民委員會經濟產業貸款及青年創業貸款
5. 新北市幸福微利創業貸款（中低收入戶）
6. 臺北市青年創業融資貸款
7. 高雄市政府小蝦米商業貸款

最不建議的就是向地下錢莊借錢，或使用平均利率超過一一%的消費性貸款、銀行信用貸款及現金卡，因為高額的利息很可能會蠶食掉創業初期的寶貴資金。

有時候，創業者向金融機構或政府創業輔導計畫借貸創業資金會被拒絕，只因為創業者過去有過不良的債信紀錄。信用卡債是其一，信用卡還款紀錄不佳則是另一個可能的原因，這些都是我們平常覺得沒什麼的小事，卻可能變成阻礙貸款的大事。

建議創業者有多少錢做多少事，千萬不要以為情勢一片大好就擴張信用額度、大舉投入生產行銷，導致支出與收入失衡，最後因為收不回應收帳款而導致赤字倒閉。

最後，提供創業前的個人內心資產盤點審視，讓你試著問自己：

1. 我是否承擔得起創業失敗後的資金風險？

2. 我是否全盤了解我將投入的產業，包括其發展趨勢與所需技術、知識？

3. 我是否已經有揮別上班族、成為老闆的心理準備？

如果你對這些問題有一絲的猶豫，建議你暫緩投入，先多學、多聽、多請教。當你越來越有信心回答這些基本的創業問題時，表示時機已漸趨成熟，失敗的機率自然降低。

注1：微型創業鳳凰貸款除了為二十至四十五歲婦女及四十五歲以上國民提供創業貸款，另針對特殊境遇家庭、家庭暴力被害人、職災人、犯罪被害人、低收入戶、天然災害受災戶及受貿易自由化影響的勞工等特定身分者，提供前三年不需負擔利息、第四年起固定負擔年息一·五％、補貼期限最長七年的方案。

創業協助資源一覽表

民間創業協助資源

1. 中華民國全國中小企業總會
http://www.nasme.org.tw/front/bin/home.phtml
02-2366-0812

2. 中國青年創業協會總會（青創總會）
http://www.careernet.org.tw/
02-2332-8558

3. 臺灣連鎖暨加盟協會（TCFA）
http://www.tcfa.org.tw
02-2579-6262

4. 臺灣連鎖加盟促進協會
http://www.franchise.org.tw
02-2523-5118

5. 臺灣工業銀行創業大賽
http://www.wewin.com.tw
02-8752-7000*6700~6702

6. appWorks Ventures 之初創投
http://appworks.tw/

7. 臺灣大學生創業網
http://www.eu.nkfust.edu.tw/chinese/default.aspx
07-601-1000*1628

政府創業協助資源

1. 經濟部中小企業處
創業臺灣計畫創業圓夢網
http://sme.moeasmea.gov.tw
0800-598-168

2. 行政院勞工委員會
微型創業鳳凰網
http://beboss.cla.gov.tw
0800-092-957

3. 新北市政府就業服務中心
幸福創業微利貸款
http://www.ntpc-happy.org.tw
02-8969-2107*1114
02-8969-2166*1119

4. 臺北市政府產業發展局
http://www.doed.taipei.gov.tw
02-2799-6898*201

5. 高雄市政府經濟發展局
小蝦米商業貸款融資補助計畫
http://edbkcg.kcg.gov.tw
0800-828-928~30

創業避雷指引

臺灣產業訓練協會理事長　樓正浩

1. 創業者最常面臨的問題包括以下五大類：

(1) **資金**•積蓄不足•無不動產•負債•家無恆產•不知如何向銀行申貸•無法預估所創行業之總資金、成本•對經營方式了解不足。

(2) **個人特質**•領導力不足•協調、溝通能力不足•缺乏規畫能力•缺乏財務管理能力•缺乏決策能力•缺乏創業之人格特質。

(3) **專業知識**•缺乏對所創行業市場的了解•缺乏所創行業之專業技巧•資歷不足•訓練不足、缺乏所需證照。

(4) **創業資訊**•對市場趨勢不了解•資訊管道蒐集不足。

(5) **家庭因素**•家人不支持•與家人的期望衝突。

2. 創業者必須了解自己的個性是否適合創業，以及自己的工作經驗、人脈是否對創業有幫助。有些人就是適合當上班族，創業只是自討苦吃。

3. 創業最好能找到互補的合作夥伴，截長補短，才能降低失敗風險。
4. 確認自己的專業學養是否為創業所不可或缺，或是能事先學得創業所需技能。例如，想做貿易事業，必須先檢視自己是否了解國際貿易流程、是否具備開發上下游供應商與客源的能力等。
5. 看別人創業成功賺大錢好像很容易，殊不知別人事前的規畫、準備階段已經不知耗費多少青春和資金了！
6. 做自己想做的事、會做的事，並看準流行趨勢，離成功創業就不遠了。

張志誠

1. 一項產業的「進入門檻低」代表「競爭指數高」，也就表示「營運門檻高」。
2. 缺乏事前規畫與軟硬體自我盤點，是創業者屢戰屢敗的主因。
3. 一個出色的上班族未必能成為成功的創業者。
4. 創業者的重要經營資源包括產、銷、人、發、財五大類。
5. 創業能否成功，歸根究柢都要回溯到「人」。如果無法獨立開發市場，更需要找其他專才來一起創業。
6. 持續研發才能不斷前進。

7. 財務規畫是創業者的命脈。創業比的是「氣長」，關鍵在於善用每一分錢。
8. 適合的性格是創業成功的基石，包括個人抗壓力以及對合作夥伴的包容與信任。
9. 人脈需要長時間培養與整理。
10. 唯有想辦法讓產品通過市場的考驗，才算跨出創業的門檻。

第2爆

我真的適合當老闆嗎？

- 心態與人格特質是創業的關鍵。別人賺錢的行業，不表示你去做也會賺錢。
- 高估自己的抗風險及抗壓力，就是把當老闆想得太簡單又輕鬆了！

創業就像打一場自己都不知道勝負的仗，既然不知道結局，至少要先知道自己手上擁有哪些武器。而除了技術、資金、人脈，創業者的創業心態與人格特質也是決定這場仗是否能打贏的關鍵。

創業的心態有好幾種地雷，包括創業的動機與個人對創業的想像。例如小雪和小吳當初決定創業，是因為厭倦了現有的工作。然而無論是因為同一件工作做久了感到厭煩，或是更多上班族常有的懷才不遇之感，這種對工作萌生不滿的動機，對創業來說絕不是好的開始。

除此之外，對創業抱持太高的期望，往往肇因於一些親朋好友同事的口耳相傳，這類口耳相傳常有誇大的嫌疑，像是「他們只投資很少的錢」、「沒幾個月就回本」這類的形容詞，往往讓聽的人心裡為之一震，覺得自己怎麼這麼窩囊，遲遲不敢踏出創業第一步，只能眼巴巴看著別人賺大錢。等到真的踏出後，卻因為抱持太高的期望，而低估了創業的高風險性。

或者，有些人會把當老闆想得太輕鬆。上班族當久了，總認為當老闆是很簡單的事。想想我們自己的經驗——每天早上九點不到就得打卡上班，老闆卻總是拖到十點左右才進辦公室，不到十二點，又不知道跑去哪裡跟誰吃飯，有時候一整天不見人影，一直到傍晚才回公司，或者大家還在加班老闆就早早開溜。總之，員工看老闆永遠是輕鬆自在，只要下達命令即可，心情不爽時還可以抓幾個員工來臭罵一頓。

但老闆真的那麼好當？事實上，身為企業經營者得負擔整個企業的成敗，且中小型或微型企業的老闆通常不只是經理人，還是出資者。當產品研發生產、業務開發、通路行銷、財務等任何一個環節出了問題，如果你是老闆，心情會如何？你能不能扛起下個月可能付不出員工薪水的壓力？

就像小雪和小吳，他們就和大多數年輕父母一樣，希望給孩子最好的童年（因為自己小時候，父母總是忙於工作，沒有時間陪自己成長），然而工作與家庭的平衡對創業者來說確實是兩難，且創業初期能否全心投入，影響新事業成敗至鉅。小雪因此聘用了更多計時工讀生，自己才能帶孩子出去玩，以她個人的動機來看無可厚非，但以客觀角度來看，創業初期若能全心投入，將能更快進入狀況。如果初期還想著要過平常的生活，或是下午六點一到就想下班回家帶小孩，那就是踩到「缺乏全心投入創業的決心」這個地雷了。

此外，高估自己的抗風險及抗壓力也是創業者常見的、容易被忽略的地雷。有個例子是這樣的。臺灣的房地產市場在政府尚未打房前曾有一段榮景，二〇〇三年，久候多年的購屋族總算等到臺灣房地產市場觸底而紛紛逢低進場，購屋件數創歷年新高，也帶動房仲業蓬勃發展，業者無不加快加盟的腳步。當時有不少具備不動產專業知識，又有豐沛資金的創業者加盟不動產仲介，因為這是個極富獲利潛力的選擇。

當時有一位二十六歲的范姓青年，由於企圖心強、服務熱忱，雖然進入房仲業只有短短兩年，已成為年薪七位數的超級經紀人。他認為以自己的才能應該還有更大的發揮空間，沒多久便離開老東家，自己創業成立房仲公司。

只是，事與願違，過去兩年所賺得的創業資金很快燒完，新創的房仲公司經營卻毫無起色，在沒有資金挹注下，創業一年便被迫結束營業。他無法承受從房仲業的天之驕子跌到創業失敗的谷底，內外夾擊下，最後選擇結束生命。除了錯誤的財務規畫，他對創業所衍生的壓力認知是很不足的。

此外，多數人只有創業意圖，卻沒有創業想法。例如，小張是在內湖科學園區工作的上班族，每天早上八點上班，一直工作到晚上八、九點才能下班，日復一日沒有變化的工作，讓他開始懷疑，難道科技新貴的真實人生是這樣的嗎？

小張早上常會在辦公室附近路邊的行動咖啡屋買杯咖啡再上班，這個可以上山下海的行動咖啡屋，由一對和自己年紀相仿的男女朋友經營。聽他們說起行動咖啡屋，平常能在園區做上班族的生意，週末假日時從北海岸到烏來都屬於他們的營業範圍；不僅能和美麗的山水為伴，而且工作彈性大，更重要的是能擁有一份屬於自己的事業，未來還打算擴大規模成為加盟品牌。

看著這對努力創業的男女，再想到自己每天都要看人臉色的工作，小張不禁猶豫自己是否也該準備創業？但如果要辭掉工作去創業，立刻就少了一筆穩定的收入，房租和生活開銷從哪裡來？更重要的是，怎樣才能踏出正確的第一步？

小張對創業還處於「只有意圖，但沒有具體想法」的初期階段，這也是絕大多數臺灣上班族的想法。套一句大陸的順口溜──「晚上想想千條路，早上起床走原路」，很多臺灣上班族自始至終都處於這樣的狀態。

仔細分析，臺灣的創業趨勢可從「大環境」與「個人」兩方面來看。在大環境方面，這幾年來失業率居高不下，工作越來越沒保障，對大環境前途的不確定感拉動上班族走向創業一途。至於個人方面，過去說到創業指的都是開公司或開店，生產銷售有形的產品，門檻較高，因此許多上班族即使有心創業，也會因為資金、技術、設備等問題而裹足不前。

當資訊科技和設備快速發展後，數位工具的普及化與低價化，以及伴隨而來的新商機，產生了許多過去想都想不到的商業模式，從臉書、憤怒鳥的成功，到各種手機APP的研發，各種專業的服務也成為銷售商品，使得創業的技術門檻越來越低。尤其這幾年掀起的網路創業潮流，讓許多原本朝九晚五的上班族也能透過網路拍賣機制，開始自己的第一次兼差創業。

然而，做個上班族，只要管好分內的工作就好；自己當老闆，無論是生產、研發、業務、行銷、會計、物流、銷貨、收款等，所有的事情都得一肩扛起！只要一不小心，所有的心血都將血本無歸，有些則是連周轉金都沒有準備，事業還來不及由虧轉盈就草草收場。

美國股神華倫・巴菲特（Warren Buffett）說得好：「退潮的時候，才知道誰在裸泳。」景氣好的時候，大多數創業者也許還能因為沒有消費緊縮的問題，能維持一定的營業額，競爭力不足的業者還不至於血本無歸。但當全球景氣日趨惡劣，消費者寧可手上握著現金，即使消費也是斤斤計較，不把價格殺得流血見骨絕不甘心，消費緊縮的惡性循環會越來越嚴重，創業風險只會越來越高。

許多人都在打聽什麼是最熱門的創業行業，但今年會賺錢的行業，不表示明年還會賺錢；別人賺錢的行業，不表示你去做也會賺錢。臺灣地小人稠，一窩蜂的投入，很短時間內就會打爛一個新興行業，像是十幾年前的蛋塔風潮，以及過去幾年連鎖早餐店的熱潮等。短短一條街，從街頭的美而美、美又美，一直到街尾的美亦美，光是早餐店就美得沒完沒了，真正賺到錢的屈指可數，這也是我一直強調的，在不清楚自我能力、特色的狀況下，最好避免跟著市場熱潮選擇創業項目。

真想了解自己是否適合創業，兼職會是一個比較穩當、風險也較低的檢測方法。

兼職五大好處

1. 確定自己是否適合創業

創業是夢想與風險的結合，不過創業家常常只看到夢想的光明，卻忘了風險常在陰暗處等著伏擊你。如果說風險是創業過程中免不了的副作用，那麼利用下班時間兼職或承接外包工作，不失為降低創業風險的有效方法。

創業與就業的最大差別在於工作心態，因為創業不僅是為自己找一份工作，而且從受僱者成為雇主。而兼職的好處在於能在尚未全心投入創業之前，先確定自己是否適合這樣的轉換。例如日後想開餐廳的上班族可利用下班時間到餐廳打工，學習怎樣經營一家餐廳、了解以後可能遇到什麼風險；想要成立美術設計工作室的人，就該利用工作之餘接一些平面或網頁設計的案子，以確定自己是只喜歡創作設計，還是也能承擔找資金、會計作帳、和客戶談判等各種經營管理的壓力。

2. 了解產業生態與實務

創業往往靠的是一股衝動，它需要有熱情與衝勁，根據經驗，女性上班族最喜歡的創業業種是咖啡店和花店。

但要知道，開咖啡店需要從早上九點開始準備，一直到晚上十一點左右才能打烊回家，如果還要賣簡餐，事前準備更複雜。如果以為自己只需坐在櫃臺數鈔票，那就想得太美好了。而開花店則要每天早上四點鐘起床到花市切花，很多衝動開花店的女生，平常寶貝得不得了的一雙手，每天被花刺扎得長了一層厚繭，冬天時還得天天浸在刺骨的冷水中洗花。很多人因為受不了這種苦，最後還是一把眼淚一把鼻涕地把店收掉。也因此，建議至少花個半年的時間到有興趣的行業打工「臥底」，以了解一個行業的幕後真相，有效降低創業風險。

3. 確定創業目的與方向

創業除了實現自我的興趣與理想，還得考慮商機及市場。有心創業者可事前規畫，從兼職工作與自己的興趣、專業能力和工作經驗來交叉比對，找出適合的事業。像是在臺北市大安區一所國小旁開設超輕紙黏土手藝創作及教學的劉毅雄，就是因為兼職了五年，發現自己非常喜歡和小朋友互動，也知道手藝教學可長可久，職業壽命又比勞心勞力的創意設計長很多，足以實現自己的創業夢，才全心投入各種手藝創意與教學事業，最後也終能按照自己的計畫創業。

4. 累積創業基金

「有錢不是萬能，沒錢卻萬萬不能」，創業不只需要人，買生財設備、電腦、租店面、架網站，樣樣都要錢，而且通常前三個月可能連一個客戶都沒有。即使能成功將產品銷售出去，客戶開票的票期也經常是一到三個月不等，因此沒有準備周轉金的創業，風險將會非常高。

想擁有一筆創業資金，除了消極節流，更要想辦法積極開源。「自然風采」的楊琇芬，以琉璃和銀土創意設計與教學為創業基礎，當初就是為了累積創業基金而兼職。除了減少外食及娛樂等開銷，只能以時間來換金錢，就這樣在上班之餘兼職了快三年。三年下來，除了累積到第一筆創業基金，還能強迫自己學習時間管理。過去每天下了班，常常渾渾噩噩就過了一個晚上，有了兼職後，才發現原來每天還是有一些時間可以拿來妥善運用。

5. 累積管理技術與人脈

俗話說，在家靠父母，出外靠朋友，其實不只是父母或兄弟姊妹，自己的同事、同學、工作時認識的客戶和供應商，都有可能是創業時的貴人。通常像是美術、文字、行銷企畫或程式設計等工作者，在創業初期最大的困難就是找不到客戶、不知道怎樣保護自己，也不懂得如何有效率的做行政管理及會計等內勤工作。

既然創業是自己早就規畫好的目標，我建議在上班時有空就向會計請教如何記帳、學習看財務報表，或者向法務人員請教簡單的合約書或備忘錄該怎麼寫、和業務部門一起拜訪客戶，學習怎樣接案……只要平常在公司廣結善緣，這些專業知識其實並不難懂，創業時卻有極大的助益。

很多寫程式的高手創業後，常因為不懂訂價、不會談判，導致收入不敷成本，最後被迫乖乖回去當上班族。因此一定要在有正職工作時，多利用兼職或外包接案，了解產業生態及市場行情，學習如何為產品或服務訂價，並學習如何保護自己的權益，避免在創業的路上賠了夫人又折兵。

此外，在公司上班時如果能和客戶多些接觸，讓客戶了解自己的作品品質與積極配合的工作態度，通常這些客戶都有可能成為日後創業的第一批夥伴或客源。

對於美術、文字、行銷企畫或程式設計等專業技能者來說，雖然創業基金的籌措門檻通常比傳統創業者來得低，而且自己本身就是工廠兼生產者，生產與物流的流程複雜度也較低，但這並不表示一個優秀的程式或美術設計師就必然會是個好創業家。事實上，如果操作不當，專業知識型的創業失敗率反而比傳統型創業還高。

專業技能者首先要確定自己的產品及服務是否具備足夠的市場競爭力，是否能在創業市場中存活下來。方法很簡單，只要將作品送給五個客戶過目，如果超過三個客戶不滿意，表示你的專業技能還要多磨練。這也是為什麼我建議專業工作者最好不要一畢業就急著創業，最好先找家公司蹲點，不僅可累積創業基金，更重要的是磨練技能與熟悉相關行業的產業生態與工作流程。

事實上，專業技能型的創業彈性挺大的，如果覺得自己無法獨自負擔所有工作，利用正職工作尋找志同道合且擁有不同技能的人，合組成創業小組、形成虛擬團隊，也是另一種創業的好方法。

兼職接案的原則

1. 一開始最好接一些規格清楚且爭議不大、可獨力完成又不需耗費太多時間溝通的案子。
2. 事前最好多花些時間蒐集並整理範例作品。對客戶來說，圖像是最好的溝通工具，再多的敘述，還不如讓客戶有範例可供選擇。
3. 程式設計人員最好多準備一些具功能展示的範例，或是將這些功能範例加以整合成套裝產品，如此客戶更容易知道自己的需求，畢竟一般人對於看得到的程式功能會較容易理解。
4. 學習管理客戶的期望。如果做不到客戶的某些需求，就直接告訴對方，千萬不要什麼都說好，以免日後造成糾紛，不僅收不到錢，還連自己的聲譽都賠進去。

兼職是準備創業的過程而非目的，上班族必須先確定自己創業的動機，是為了致富？為了擁有自由的工作？或是為了滿足個人的企圖心與成就感？確定創業動機後才能確定要跨入哪個行業，也有利於學習各種專業及管理技能，或尋找志同道合的夥伴，以補足自己欠缺的部分。

不過，上班族從兼職開始做、同時兼顧兩份工作，不僅創業的時程會因而拉長，蠟燭兩頭燒的結果常會因心力交瘁而放棄，因此切記要能拿捏兩者間的平衡，同時衡量兼職的收入是否逐漸能抵銷辭掉正職工作後所損失的薪水。並且切記，絕不能讓兼職工作破壞正職工作的品質與個人信譽，以免落得兩頭空。

利用正職工作以外的時間接案，最容易遇到的問題包括時間壓力、不知市場行情、不知如何計價、不知如何簽約、沒有發票可供客戶報帳、白天需要蹺班和客戶洽談等，這些都是專業技能者在兼職時會遭遇的問題。因此有心創業者至少要當個一、兩年的上班族，一邊工作確定自己的專業技能風格，一邊培養企業內外的人脈，為創業做準備，然後再開始慢慢接案。等時機成熟，準備也就緒後，自然水到渠成。

創業前的自我檢測

創業者的意志力是影響成敗的關鍵，有些事情是你該先問自己的：

1. 我對挫折的承受力是否足夠？
2. 我是否已評估過創業的最大風險？
3. 創業最壞的結果會是什麼？對我的生涯發展有何影響？我承受得了嗎？

4. 我是否有足夠的耐力與體力，承擔創業初期的業務壓力與精力消耗？

創業者最好在創業前做自我檢測，看看自己適不適合走這條路，確定自己具備哪些優缺點、蒐集各種創業成功與失敗的經驗，並且多利用各種公、民營創業輔導資源，「有最壞的打算，做最好的準備」，才能走得平順。

創業適能度檢測表（請以○及╳回答以下的小測驗，並計算○的數目）

（　）1. 我熱愛工作，而且樂在其中。
（　）2. 我喜歡接觸新事物。
（　）3. 我做事有責任感，答應別人的事也一定設法做到。
（　）4. 我習慣做好事前規畫。
（　）5. 我是個有毅力的人，只要一開始就堅持到底。
（　）6. 我不怕挑戰，能在有挑戰與變化的環境中工作。
（　）7. 遇到難以解決的問題，我會設法尋求不同的解決方案。
（　）8. 我做事有方法，而且會不斷改良工作方法。

（　）9. 我懂得掌握事情的重點與工作進度。
（　）10. 對於未來二至三年的生涯，我已有大致的規畫。
（　）11. 我是個能接受他人意見的人。
（　）12. 我能清晰表達自己的想法，很少人會誤解我的意思。
（　）13. 我是個樂觀開朗的人。
（　）14. 我不隨便發脾氣，是個高ＥＱ的人。
（　）15. 我喜歡參加和工作無關的社團活動。
（　）16. 只要收到新名片，我一定盡快加以分類歸檔。
（　）17. 我懂得有效運用周遭的朋友與社會資源。
（　）18. 我喜歡觀察人事物，且觀察力敏銳。
（　）19. 遇到困難時，我會理性分析問題並做出判斷。
（　）20. 遭遇失敗後，我會分析失敗的原因以避免重蹈覆轍。
（　）21. 遇到不懂的事，我能不恥下問。
（　）22. 我知道如何蒐集創業資訊。
（　）23. 我知道失敗的風險，且能夠承受失敗。

（　）24. 對於我認為對的事情，我能夠承受孤獨，獨自一人努力下去。

（　）25. 我的健康狀況良好，禁得起連續幾天的熬夜。

（　）26. 我已經有足夠的創業資金。

（　）27. 我知道我要創業的行業，至少還有一、二年的好光景。

（　）28. 我的家人與好友都支持我創業。

檢測解析

○的數目	解　析
22～28	想創業就開始動手吧，你的個性適合創業。
15～21	有高度潛力成為創業一族，可規畫更詳細的創業計畫。
8～14	有潛力成為創業一族，建議在正職工作外，嘗試各種兼職方式，找出自己的興趣與創業方向。
0～7	建議你還是乖乖當上班族就好吧！

——創業避雷指引——

臺灣產業訓練協會祕書長　陳文彬

1. 創業要有點阿Q精神，要實事求是。
2. 悲觀的人在答案背後看到問題，樂觀的人在問題背後找到答案。
3. 在平淡無趣的工作中增加一點創意，樂趣就會如影隨形的跟著你。
4. 著名的英國軍官勞倫斯（T.E.Lawrence）曾說：「有人睡覺時做夢，有人醒著時做夢；醒著做夢的人比較可怕，因為他真的會去做。」
5. 創業必須從自己有興趣的市場缺口投入，還要具備該行業所需的專業與技能。
6. 不是每個人都適合創業，成功必須配合創業者個人的天時、地利與人和。
7. 如果你會因思考創業而失眠，如果你不求名利只把創業當興趣，你會發現商機到處都在。
8. 持續堅持，贏在創新；理想總在實現中遇見。

張志誠

1. 對原有工作萌生不滿，絕對不是創業的好動機。

2. 以為當老闆很輕鬆、低估創業的風險、沒有全心投入的決心、只有意圖沒有想法，都很危險。
3. 今年賺錢的行業，不表示明年還會賺錢；別人賺錢的行業，不表示你去做也會賺錢。
4. 利用下班時間兼職或接外包，能有效降低日後的創業風險。
5. 兼職是準備創業的過程而非目的。
6. 絕不能讓兼職破壞正職工作的品質與個人信譽，以免落得兩頭空。
7. 有最壞的打算，做最好的準備。

第3爆

非寫不可的創業計畫書

- 創業計畫書是創業前至關重要的模擬考，能幫助你確認方位、方向與方案。
- 寫計畫書最難克服的不是「如何寫」的技術性問題，而是「為什麼要寫」的心態問題。

回頭看看小雪和小吳的故事。他們聽朋友說開茶飲店非常好賺，在朋友的建議之下找到這家茶飲總部，並參觀了總部安排的加盟店。因為對這家茶飲店的品牌形象及年輕時尚的店面設計深具好感，加上親自到了加盟總部，看到不少搭檔也正在討論加盟細節，總部業務也帶兩人實地參觀了正在運作的加盟店。因此對他們來說，總認為這麼多的人潮不可能作假的了！回家討論了一下，便決定要加盟這家連鎖茶飲店，且很快就準備好了將近兩百萬的加盟金。

只不過，他們忽略了一件事——任何一個加盟品牌都會有幾家生意很好的樣板店，但這些加盟店能夠生意興隆，是因為哪些成功因素？如果自己加盟這個品牌，是否能夠複製同樣的條件？這些都是創業者在創業前需要自我省思的。如果事前沒有徹底想清楚，一下子就決定投入資金創業，自然可能在開店後遇到很多當初沒有考慮清楚的問題。再加上，因為本身具有一些其他創業者所沒有的優勢（例如很低的店租），反而使他們過於大膽（也可說是大意），最後陷入進退維谷的窘境。

撇開創業者的心態，他們在決定放手一搏前還踩到了創業者常犯、且殺傷力非常強的地雷——沒有準備周全的創業計畫。

心態比方法重要

理性的人通常對創業是較為謹慎的，充滿感性的人才會義無反顧的走向創業之路。因為透過理性分析，短期內創業的投資報酬率絕對比不上穩穩當當的當個上班族，更別提風險與穩定度。但如果創業只有感性面，缺乏理性分析內外在條件，失敗的機率恐怕更高，也因此，撰寫創業計畫書等於是創業前至關重要的「模擬考」。

如何判斷自己是否踩到了跟創業計畫相關的地雷呢？如果你有以下任一個想法，你已經離地雷不遠了：

1. 我只是做個小生意，何必花力氣寫計畫書？
2. 計畫趕不上變化，寫計畫書有用嗎？
3. 我不知道怎樣寫創業計畫書，還是算了吧！
4. 我們寫創業計畫書已經寫了快三個月，寫得非常深入，可說和畢業論文不相上下。

就像冒險電影一樣，創業也像一場充滿冒險與驚奇的尋寶歷險記。不論是早期的「法櫃奇兵」或新世紀的「國家寶藏」，好萊塢的尋寶電影中，男主角不是照著藏寶圖按圖索驥，就是從各種線索中，一步步解開謎團，最後人財兩得。創業計畫書就像那張尋寶圖，只不過這張尋寶圖不只是展現夢想而已，還必須能夠實現夢想，而且是確切可行的執行計畫。

或者也可以說，創業計畫書是能確認創業者「方位」、「方向」與「方案」的流程圖。

「方位」代表創業者目前所處的位置，也就是確認現有的各項資產與能力；「方向」是確認自己的創業目標；「方案」則是將「方位」與「方向」連結在一起，並融合各種策略與手段。只要能制訂策略，在「方位」與「方向」兩點間找出風險最低、距離最近的線，就能確定經營的方向與路徑。

有些創業者會想：「我又不是要創辦一家上市公司，哪需要什麼策略？而且只要有好點子應該就有成功的機會，況且就算寫完創業計畫書，通常計畫趕不上變化，日後也不見得會按計畫書執行。」這樣的想法對嗎？這樣的想法沒有風險嗎？

我曾經和一位創業顧問針對創業者的心態進行小小的討論，針對以上這些創業者常用的理由，他說：「即使是開一家高人氣的泡沫紅茶店，如果連商圈屬性、附近有幾家競爭對手都沒搞清楚就貿然開店，能成功創業才是意外。」創業不能光憑好點子，也不要冀望追逐潮流就能成功，這也是撰寫創業計畫書的意義。

事實上，創業者在撰寫創業計畫書時，最容易踩到的是心態上的地雷，而不是技術上的。只要你願意坐下來拿出紙筆動手寫，剩下的都只是該寫些什麼項目和內容這類的技術性問題，但我最擔心的是你給自己找了一大堆藉口，說服自己不必寫計畫書。只要你能克服心魔，願意開始嘗試，那麼寫得好或不好就不是重點，因為你一定可以找到能協助你的資源，幫助你完成它。

華碩電腦在創業初期，童子賢、謝偉琦、徐世昌和廖敏雄等四位創辦者就鎖定了主機板研發，在創業策略上，他們考量當時臺灣電腦業者在規格制訂方面並不具有發言權，為了降低風險，他們制訂了「緊隨半導體龍頭英特爾的中央處理器研發技術，發展主機板」的創業策略。

這種追隨老大的結盟方式使得華碩能在短期內隨著全球領導品牌打入各個市場，帶來高市場成長與高獲利率，讓華碩能在創業初期從三千萬元的自有資金急速擴張到十多億，從而站穩華碩在資訊產業的立足點。雖然在風光之後，華碩也曾有過一段低潮期，股價跌得非常慘，但董事長施崇棠能將競爭對手的成功經驗加以分析，再由上而下調整領導班子的思維，重新掌握並徹底執行華碩的核心能力，最後在蘋果、三星橫掃全球市場時，推出讓人驚豔的變形金剛系列平板電腦，也很令人佩服。

3S策略、5核心、7原則、SWOT分析

雖然是創業前的必要步驟，許多人還是一聽到要寫計畫書就面露難色，不是嫌麻煩就是不知從何下筆。其實自己動手寫計畫書，可以讓創業者更清楚自己的創業構想和方案是否確實可行，或者只是天馬行空的狂想。再加上，如果需要外來資金的協助，無論是向銀行、創投或親朋好友尋求援助，都需要將原本只存在於腦袋中的創業想法，化成具體的文字和圖像，才能讓這些金主了解你的構想與計畫，進而判斷是否值得投資或提供貸款。

寫計畫書的另一個好處，是讓創業者確認自己擁有多少資源，也就是說，除了寫給銀行、創投等金主看，最重要的還是寫給自己看。創業意味著進入一個市場，在進入前必須對市場的特性和競爭者有所了解，許多問題都需要釐清，例如(1)這個市場有多大？(2)這個市場目前處於成長還是下滑趨

勢？(3)其成長率與獲利率約是多少？(4)市場的主要及潛在顧客是誰？(5)主要的競爭者又是誰？

除了外部環境的資訊，創業者也須分析本身現有的資源，像是己方的技術、產品、服務的實力，以及創業團隊成員等內部環境。以上所列舉的問題就像拼圖的圖塊，都是在撰寫計畫書之前要多方蒐集的資料，透過實地探訪與網路搜尋皆可。這些圖塊蒐集的越齊全，越能看清創業的全貌，也越能降低創業初期的風險。

當然，許多創業者也常在發想創業策略時碰壁。由於必須先有策略才能有計畫與執行方案，因此在發想時，可以從3S策略思考原則來出發：

1. **成功**（Success）

創業成敗的基礎在於能否一擊成功，因此在發想策略時，應該要以「一次就要成功」為原則。例如想開一間餐廳，就要想怎麼成為當地最好吃、最有情調、服務最優……的餐廳，自然就會在菜單、廚師、裝潢或服務上，規畫出自己的競爭優勢。

2. **持續**（Sustainable）

創業成功後，下一步是設法維持競爭優勢。例如不斷開發新菜色、定期更改裝潢、推出各種活動或客服專案等，總之要避免成為一代拳王——因為短暫的成功而疏忽了長久的競爭力。

3. **擴張**（Scaleble）

有能力維持競爭優勢，還要擴大經營規模、設法讓一切標準化，確保品質一致，例如配方、調理、人員服務等都要標準化。如果在創業之初就能預想到將來規模擴大後的營運問題，自然就能避免因為缺乏事前規畫與配套措施，在規模擴大後遇上經營困難，甚至倒閉。

大概是從小到大國文考試必考作文的關係吧，有些創業者常把寫計畫書當成考作文，過於強調起承轉合，使得整篇計畫書像一篇詞藻優美的產業報告；還有些人不知道怎麼把自己的想法化為文字，通篇前後矛盾不知所云。針對這些創業者常遇到的問題，建議下筆前，要先以不拘泥格式的方法思考下面這五個核心問題：

1. 我為什麼要創業？
2. 我的創業目標是什麼？
3. 我要採用哪些策略才能達成上述的創業目標？
4. 如果要實踐這些策略，我需要哪些資源？
5. 如果缺少某些資源，我要如何獲得這些資源？

寫計畫書時，時時刻刻都要掌握住這五大核心，切忌離題；至於可讀性，雖然計畫書比的不是文筆，還是要注意以下七大原則：⑴結構完整、⑵邏輯清楚、⑶前後一致、⑷數字實際、⑸方案明確、⑹淺顯易懂及⑺市場導向。

只要牢記這五核心、七原則，計畫書就不會過於離譜，寫起來也不會太難。

當然，ＭＢＡ課堂上一定會用到的ＳＷＯＴ分析，亦即優勢（Strength）、弱點（Weakness）、機會（Opportunity）和威脅（Threat）四方面評析，是了解自身最簡單有效的工具，建議隨時將ＳＷＯＴ原則放在心裡，對計畫書撰寫會有很大的幫助。

ＳＷＯＴ分析實作

我在幫臺北市長安西路節慶禮品特色產業發展計畫上課時，針對「節慶禮品產業如何提升競爭力？」初步分析了長安西路節慶禮品街的ＳＷＯＴ分析。這條節慶禮品街有優勢也有威脅，提供給讀者參考，讓你知道該如何分析自己的ＳＷＯＴ。

臺北市長安西路節慶禮品街 SWOT 分析

優勢（Strength）	弱點（Weakness）
在大臺北地區具知名度 交通便捷 產品豐富、流行度高 商家集中、互補性高 價格具優勢	公用收費停車場少 店家商品占用騎樓 垃圾筒及座椅不足 商圈形象不夠明顯
機會（Opportunity）	**威脅（Threat）**
商圈獨特性強 無潛在對手，可藉此凸顯重要角色	少子化 景氣衰退 網路禮品業者侵蝕市場

創業計畫書的格式與內容

現在只要在網路搜尋引擎打上「創業計畫書」，就能找到上百種不同的計畫書格式。不過，一份完整的創業計畫書基本上還是不脫離以下的格式與內容：

1. 創業計畫書摘要（1頁）

摘要的主要目的是讓創業者將自己即將投入的事業做簡要的說明，讓自己或其他閱讀者只要閱讀摘要，就能初步了解新創事業的輪廓。摘要內容至少要包括創業的動機、創業計畫的目標、新創事業的構想、達成計畫的手段以及預期的發展。

2. 欲切入的產業概況、市場分析與機會（2頁）

創業前必須針對即將切入的產業與市場現況進行分析評估。例如產業概況、市場環境、目標客戶與進入市場的障礙度與切入利基。如果從調查與資料中發現，市場進入的障礙高、替代產品少，則有利於創業者進入這個產業；相反地，若市場進入較容易、能替代的產品很多，創業者就必須說明為何自己的技術、產品或服務能在激烈競爭中存活。此外，這裡也應說明自己的事業如何在市場中占有一席之地。

為了順利撰寫本部分，事前必須蒐集產業資料並進行市場調查，這也是撰寫計畫書較困難的部分。目前政府相關部門及各產業公會都有各種統計資料及產業報告，可以向這些單位請求協助。如果各機關或民間單位沒有相關的產業報告，或覺得這樣的產業報告很貴，也可以做實地的市場觀察並搜尋報紙新聞。

透過實地的市場觀察更能體會產業概況，就像小雪夫妻倆如果能先進行實地觀察，就能多少對茶飲市場的競爭現況有所了解，至少也會知道這個市場是極度飽和、競爭激烈的紅海市場，也才會去研究自己要加盟的品牌和其他競爭品牌之間有什麼差異、優勢在哪裡。

3. 技術、產品或服務說明（1～2頁）

創業者應在這個部分說明足以讓創業成功的技術產品或服務的獨特性。**創新的技術、產品、服務是計畫書中最吸引人的部分**，如果技術或產品沒有創新性或獨特性，也很難說服別人加入創業團隊或說服親朋好友投資。

創業不是在實驗室裡做研究，最好多和別人討論、請教專家，看看是否自己覺得很棒的技術、產品或服務已具備商業化的可行性，或是打聽一下市場上是否早有類似的競爭對手存在。

4. 競爭優勢分析（1頁）

在經過市場分析後，**比較說明自己的技術、產品或服務與現有競爭對手之優劣**，藉此分析在有限的資源下如何發揮自身的特點，展現獨特性，並找出己方資源不足之處。同時也要說明如何向外取得不足的資源，以推行後續的行銷策略與執行計畫。這裡也就是最常用到SWOT概念的部分。

5. 行銷策略與執行計畫（1～2頁）

創業初期由於缺乏資源，產品缺少知名度，使得產品推廣格外困難，因此這部分應說明產品的目標市場為何。例如，可利用年齡、性別、生活型態、居住地區、薪資等因素來確定消費型市場；或是利用企業型態、企業地點、企業大小等因素來規畫組織型市場。從這些分析中，規畫最有利於自己的目標（或利基）市場，然後進行行銷策略與計畫，讓目標顧客對自己的產品有明確的認知。

6. 財務規畫與資金來源（1～2頁）

財務規畫必須預估事業開始營運後三年（甚至五年），每一年的預估損益明細，包括預計籌措的創業資金金額、成本（購買生產設備資金、每月辦公室或工廠承租資金、人員薪資、行銷費用、通路費用等）、營收（銷貨收入）等。財務規畫幾乎是所有創業者最頭痛的地方，這部分會牽涉到市場規模、經營成本、產品價格與銷售數量，因此應在事前多請教創業顧問或會計師基本的財務名詞。

7. 經營團隊（1頁）

再好的創業計畫也需要由「人」來執行。創業初期往往都由創業者身兼數職，但最好還是能找到具備不同專長的人一同加入創業團隊。除了專長，個性與理念也是決定創業團隊成敗的關鍵，因此尋找團隊時要謹慎小心。在這個部分也需要說明創業團隊中每個人的學歷、資歷背景、專長、投資金額與比例；另外，有些外包業務也可以在這裡說明。

8. 風險評估與因應（1～2頁）

任何創業都有潛在的風險，市場也隨時會因為有新競爭者加入而產生變化，像是競爭者模仿或推出新產品、削價競爭、政府法規修改等，因此在這裡應說明當上述風險發生時，有哪些因應對策。建議可從以下幾種風險狀況題來思考如何因應：

(1)競爭者進行削價或負面形象攻擊
(2)政府法規改變
(3)新產品出現（包括抄襲、模仿或出現比你更創新的產品等）
(4)經濟環境變化（包括景氣改變、利率低、消費緊縮等）
(5)人才流失（對手挖角）
(6)技術優勢不再（例如技術被抄襲或競爭對手研發出新技術等）

9. 結論（1頁）

這部分主要是將前面的分析與計畫加以綜合整理，並說明新事業的整體競爭優勢、整個創業計畫的利基所在，以及對新事業的展望。

我常看到很多創業者和顧問溝通時，會在結論寫著「立足臺灣、放眼世界」這些空洞的形容詞，這些話實在不必了，除非你真的能說明「放眼世界」的明確目標與實現方法（是同時打北美、歐洲、中國、日本、中南美，東南亞，還是先打其中一塊市場？），否則建議你寧可寫得清晰具體一點。

即使是中國聯想電腦在成立之初，也不會誇口他們有一天要吃下美國ＩＢＭ的筆記型電腦部門，當初他們認為只要能成為中國的主要電腦品牌就很了不起了，後來的一切發展都是不斷因應大環境調整計畫的成果。所以寫結論時，還是盡可能將未來的發展目標寫得更清晰可行些，比較實際。

看到上面這些創業計畫書的格式內容，很多人會說：「哇！需要寫這麼多嗎？這要費多大力氣啊！」的確，即使不是動輒超過五十頁甚至上百頁、用來參加創業競賽或說服創投公司投資的創業計畫書，光是按照以上的建議格式，通常也會有二十頁左右的規模。對於只想要開家服裝店、小餐廳或咖啡店之類的構想，雖然可以不用寫到這麼大規模，至少還是要根據以上的主題撰寫簡易版。

當然，即使是簡易版，也要在每個部分都花心思。尤其臺灣市場的競爭極度激烈，同業學習模仿的速度非常快，因此事前一定要做好商圈市場及競爭對手調查，並設想風險及因應辦法。撰寫時也應多著墨對開店來說較重要的「市場分析與機會」、「技術、產品或服務說明」、「競爭優勢分析」、「行銷策略與執行計畫」、「財務規畫與資金來源」、「風險評估與因應」等方面。

創業計畫書除了是創業發展的藍圖，對外還有不同的用途。例如要說服親朋好友投資、呈交融資銀行、創投公司，以及參加創業競賽等。不同的對象，內容與加強的重點也會有些許不同。

例如，給貸款銀行和創投公司看的計畫書，要表達的重點就不盡相同。因為銀行要借錢給創業者，必定更重視借出去的錢是否能回收並賺取合理的利息，這一點比是否能從創業者身上賺取高額的報酬來得重要，計畫的可行性及創業者穩健的個性與還款能力，才是銀行審核時的重點。反而太先進、太獨特的技術或產品，對銀行來說風險較高，因此應該多強調自己穩健踏實經營的一面。

而創投公司剛好相反。他們希望能從計畫書中找到創業者在技術與產品面的獨特性，以及公司將來的爆發性，因此必須以獨特的技術、產品、專利或經營模式，以及將來在獲利上的爆發力來說服。

基本上，創業計畫書沒有一定的格式，但既然要給不同的對象看，重點也不一樣，因此最好先以「寫給自己的創業企畫藍圖」為目標，撰寫核心版創業計畫書，再依不同的對象做適度修改。

善用搜尋引擎，挖到知識寶藏

善用網路，能找到非常多產業發展報告。例如，想投入連鎖加盟事業，想先了解臺灣連鎖加盟產業的趨勢及商機，可以尋找臺灣連鎖加盟促進協會所發表的簡報「臺灣連鎖加盟趨勢和創業商機」，也可以找到中國生產力中心所撰寫的「連鎖加盟產業輔導策略報告書」。只要懂得善用網路，就能很快初步了解想跨入的產業。

臺灣連鎖加盟趨勢和創業商機

連鎖加盟產業輔導策略報告書

小心計畫書地雷

一份四平八穩的創業計畫書也許無法吸引投資者的目光，但計畫書的原始目的就是讓創業者透過撰寫及事前調查分析，減少錯誤，增加成功機率，因此要避免為了寫計畫書而寫。此外，也要避免誤踩以下地雷：

1. 將事業的經營遠景及市場評估描繪得過於樂觀。
2. 過分強調自己熟悉的業務而忽略不熟悉的部分。像是具有技術背景者，可能花費一半以上的篇幅描述產品的技術和功能，卻只用不到一頁來說明市場行銷計畫。
3. 過於高估獲利，低估成本支出，使得實際運作後，發生資金週轉不靈等問題。
4. 沒有確實執行區域市場調查，忽略區域行銷特性及消費者購買行為的堅持性及不變性。
5. 執行計畫過於天馬行空，或遠超過現有資源所能完成。

許多人總認為創業的點子很容易被模仿，因而為避免遭到剽竊，包括創業計畫書在內，一切都由自己動手。不過，寫計畫書不是閉門造車，既然有志創業就該打開心門，多請教有經驗的人，畢竟就業與創業是完全不同的景況，在撰寫過程中勢必遇到重重困難，往往舉目四望卻求助無門。最好能適時利用事前蒐集資料與撰寫的過程來開發人脈，例如參加創業講習或到經濟部中小企業處、勞委會、青創會等單位請教。

另外，許多人常問我撰寫計畫書的時間應該花多久，建議除非是為了參加創業競賽，否則從蒐集、分析資料到完稿，大約一至一個半月的時間已足夠。因為計畫書不是寫完就沒事了，在創業的過程中，外在環境及人、事、物都在不停地變化，創業者應隨時檢視當初的構想是否需要修正，依此不斷進行微調並適時添加新元素，才能讓事業在面對外在風雨時能依舊成長。

創業計畫書所需內容一覽表

標準版

1. 摘要
2. 公司簡介
3. 產品概要與核心技術
4. 產業與競爭分析
5. 企業營運策略
6. 管理團隊與人事策略
7. 研發策略與智慧財產權管理
8. 製造策略
9. 行銷策略
10. 銷售預測
11. 財務預測
12. 募資計畫與財務策略
13. 風險管理策略

簡易版

1. 創業緣由
2. 市場評估
3. 專業、技術與財務投入
4. 產品與技術的獨特性及對客戶的貢獻。如產品是否創新、便宜、彈性、快速、科技化、客製化或高品質……
5. 從零開始到第三年的計畫
6. 前三年的財務目標
7. 三年後的事業面貌
8. 預期的風險與解決辦法
9. 資金募集與運用
10. 相關附件，如研究報告、現金流量、財務計畫……

創業避雷指引──

臺灣產業訓練協會祕書長　陳文彬

1. 幸運總是站在機會與準備的十字路口，沒做好準備，機會來了，你只能在十字路口錯失。
2. 創業前必須嚴謹審視自己與外在的全盤創業條件。
3. 擬定創業計畫時，應秉持「假設→執行→驗證→制度化」的原則，方可不斷堆壘經營智慧。
4. 營運計畫要經過縝密的分析且保有改進的可能。
5. 營運計畫要說明企業整體的競爭優勢，並指出整個經營計畫的利基所在及可行性。
6. 創業成功的關鍵在於，放慢成長的腳步，穩紮穩打，將每一塊錢好好管理。
7. 設下停損點，讓一切有轉圜的餘地。
8. 做「對」的事情關乎策略，把事情「做好」則關乎手段與方法。
9. 凡事若能於事前深思熟慮、妥善安排，成事的機會自然高。
10. 營運計畫書要能幫助投資者縮短決策時間、清楚了解事業經營及發展的過程與結果，且提供投資者詳細的投資報酬分析。

11. 完整的計畫書代表創業者的強烈企圖與充分準備，也代表對資金提供者的負責態度。

張志誠

1. 寫創業計畫書是創業前至關重要的「模擬考」。
2. 創業計畫書是確認創業「方位」、「方向」與「方案」的重要流程圖。
3. 計畫書撰寫時的心態遠比技術面重要。
4. 善用3S策略、五核心、七原則與SWOT分析，再針對需求與閱讀者立場做微調，即可寫出完整企畫書。

第4爆

遏止失控的財務計畫

- 創業在籌劃階段就要精細計算每一分錢，並嚴格遵守資金運用原則。
- 個人信用要在平時用心維護，申貸創業啟動資金的成功機率才會越大。

財務規畫一直是許多創業者最不願意碰觸的項目之一。因為財務規畫最傷感情，一個讓人興奮的創業計畫，很可能最後卻卡在沒有足夠的啟動資金而作罷；也可能必須不斷尋找願意投資的親朋好友、金主或銀行，不斷向潛在的資金供應者做簡報，這很可能是創業者不斷遭受挫折的開始。

在小雪和小吳的創業過程中，資金並不是大問題。他們不僅已經存了一筆創業基金，店租條件也比其他創業者來得有利。別人為了大馬路上的店面，每個月可能得付出六萬元，他們卻只要付出別人的一半到三分之一，在財務上可說是占盡優勢。但他們還是經營得非常辛苦，可想而知，如果他們一個月要付出正常行情的六萬元店租，除非能徹底改變經營心態，否則他們的連鎖茶飲店不是搖搖欲墜，就是已經結束營業。

在談到創業的財務規畫前，就讓我再說個故事來起頭吧！

小李和女友小茹辛勤了好幾年，又向家人借了兩百萬元，湊出三、四百萬想開家咖啡店圓夢，他們不想加盟，只想開一家夢想中的咖啡店。

他們對內湖科技園區情有獨鍾，因為內科是臺灣科技業者的基地之一，現代化高樓林立，如果不仔細看，有些地方還真有紐約街頭的味道。小李和小茹想像著在這裡開一家高檔咖啡店，來的客人都是科技新貴，感覺開店的自己也跟著「新貴」起來。

兩人興匆匆地在內科轉呀轉，終於找到一個一百坪的出租店面。雖然坪數比他們預估的大，但站在空蕩蕩的店中，想像這邊是吧台、那邊是廚房，大片落地窗旁灑下陽光……客人在這裡喝咖啡多浪漫。雖然租金比原本預估的高出一半，最後還是決定租下這個店面。很快的，他們就和地主簽約，且因為這個地點挺熱門，小李擔心這塊風水寶地被其他虎視眈眈的競爭對手搶走，和小茹商量後，兩人決定動手先搶，一次簽下兩年約。

預算失控，客源流失

剛開始，光是三個月的押金和第一個月的店租就花掉他們不少資金，接著就是店面裝潢和設備採購。他們夢想中的咖啡店融合了地中海和南法風格，不過想像和實際實現還是有很大的差距。為了這個夢想，他們請朋友介紹了一位收費不低的設計師，討論之後，決定了設計方向，開始動工。為了讓咖啡店真實呈現兩人想要的風格，小李還要設計師去找進口家具。當店面如火如荼裝潢時，兩人也沒閒著，開始去找咖啡豆等原料和各種生財設備供應商，不管是原料或設備，小李也都盡量找高檔貨。

在夢想中的咖啡店逐步成型時，小茹隱隱感覺不對。店都還沒開張，小李就已經花掉超過一半的創業資金。像咖啡店的桌椅沙發，除非價格太離譜，否則小李都堅持用進口貨，有些椅子一張就要三千元，光是椅子一共就花了三十幾萬，再加上桌子，小茹算了一下，發現小李為了打造夢想中的咖啡店，都忘了管控寶貴資金。

有一天，小茹向小李提了有關戶頭資金的問題，小李卻認為小茹是婦人之見，他認為開店後，這家內科獨一無二的咖啡店肯定能吸引滿滿人潮，每天都有現金流入，何必擔心錢不夠。小茹碰了一鼻子灰，也只能聽小李的話。

隨著開張的日子越近，小李也越來越興奮，每天忙裡忙外，小茹則因為發現存摺裡的數字越來越少而擔心，不過小李還是很篤定地認為咖啡店的經營絕不會有問題。

好不容易，咖啡店開張了，兩人興奮地迎接第一批客人。由於整家店的設計具有非常浪漫的地中海南法風情，即使飲料或餐點的價格都比附近其他競爭者高出兩成，但一開始還是吸引了許多內科人上門嘗鮮消費。

不過，好景不常，三個月後，美國的次貸風暴像颶風般席捲歐美、亞洲各地，大家開始撙節開支。小李和小茹發現，原本喧鬧的咖啡店開始出現空著的桌椅，僱用的七、八位服務人員也開始閒到有時間聊天，光是人事費用，一個月就要十幾萬。雖然還有營收，但小茹發現戶頭的錢越來越少，仔細算了一下，光是店租、人事、食材、原物料等支出就要將近五十萬。小茹警告小李，這樣不是辦法。看到稀稀疏疏的來客，又聽到小茹講這些讓他頭痛的問題，小李的火氣一下子上來，兩人在廚房大吵一架。

「妳為什麼老是擔心景氣會壞下去？現在是M型化社會，我們咖啡店是開給M型社會的有錢人，妳怕什麼？只要名氣做出來，根本不用怕景氣好壞！」小李不甘示弱回她。

「如果你說的都對，那為什麼店裡的客人變少了？」小茹反嗆小李。

兩人一起計算這半年來的開銷，光是店面設計、裝潢就花掉將近兩百萬，還有店租、押金等，幾乎用掉四分之三的資金，加上生財設備，剩下的可用資金已經不多了。

即使一開始生意還不錯，但他們也犯了和小雪、小吳相似的錯誤，僱用了太多服務人員，再加上很多資金都已經投入無法回收的裝潢（也就是所謂的「沉沒成本」），現在只能從一些還能減少的開銷中想辦法撙節開支。

陷入資金借貸的無底洞

然而，沒多久，壞消息又來了。咖啡店對面開了一間便利商店，斜對面大樓的前庭還來了一輛咖啡車！眼看情況不妙，小李心知只有再取得一些資金，才有辦法撐下去。他相信只要景氣好轉，生意就能恢復往日榮景，於是他又跑去找爸媽，看看能否再借點錢。結果不如預期，還差點跟爸媽吵架。

每天一開門，就是要花錢，當現金收入遠低於預期時，小李在報上看到一篇報導，說幾個年輕人網路創業，也是因為湊不夠啟動資金，於是團隊的每個人利用現金卡各借二十五萬，總共湊了一百二十五萬元現金。這則新聞讓小李宛如在風浪中抓到浮木，他打電話給幾家銀行，問了現金卡借貸條件，然後懇求小茹跟他一起各借五十萬，這樣就能再有將近一百萬的可用資金。小茹原本覺得不妥，最後在小李的軟磨硬泡下還是一起申請借貸，兩人手上終於又有足以營運的資金。

原本跟家人就已經借了一筆錢，現在加上跟銀行借的一百萬，兩人肩上的擔子越來越重，客人卻還是沒有回流。後來，小李想到降低各種餐點、飲料的價格來吸引顧客，這個做法雖然有點效果，但各種原物料不降反升，價格降低反而使得營收跟著降低，再加上很多原物料供應商都要求當月底結帳，小李借來的一百萬元結果還是「穩定流失」。

不久後，這筆一百萬的現金卡借貸要開始還錢了，問題是營收並沒有增加。小茹很清楚，再這樣下去這家夢想中的咖啡店遲早要關門大吉。於是小李想到了最後的方法——向地下錢莊借錢。雖然不想讓小茹發現自己借高利貸，最後還是因故被小茹戳破。

傷心欲絕的小茹認為，創業失敗並非世界末日，但如果不設停損點而繼續把錢投入錢坑，將毀了兩人的未來。小茹警告小李，只能在咖啡店和她之間二擇一。這一天，兩人在打烊後將這一年多來投入的收支統統算清，在夢想中的咖啡店裡，一盞昏黃燈光下，白手創業的情侶看著投入前半生積蓄與心血的咖啡店，苦澀決定將店頂讓出去，看看還能拿回多少錢。現在能做的，只有趕快把必須償還的債務還掉，兩人再重新去找工作……

不管是開公司或開店，都要切記「有錢不是萬能，沒錢卻是萬萬不能。」常聽人說「一文錢逼死英雄漢」，我也常對微型創業者說：「有多少錢做多少事」。畢竟，微型創業不像科技業者有銀行團撐腰，微型企業要向銀行借錢可不容易，像小李和小茹的咖啡店就犯了資金配置失調的致命傷，再加上沒有準備足夠的營運預備金，一有風吹草動就很容易垮掉。

小李和小茹踩到很多致命的財務地雷，讓一場創業美夢變成負債累累的悲劇，這些地雷包括：

地雷1：投資收支沒規畫，開業前燒光資本

雖然小李在開業前沒有燒光資金，但光是設計裝潢加上家具就花掉過多預算，這是創業資金配置的嚴重失誤。

地雷2：未準備營運預備金，開業後陷入困境

通常，開業至少需要準備3個月的預備金，確保前3個月如果是赤字營業，還有預備金能讓事業撐下去。新事業有可能需要半年的經營以穩定客源，如果沒有足夠的預備金，很可能來不及實現夢想就得收攤了。

地雷3：創業資金借貸比例過高

在小李的創業資金中，除了和小茹共同存下來的錢，還包括向父母借的200萬，等於一半以上都是借來的。雖然說父母通常不會像債主一樣，每天催孩子還錢，但如果是向其他人借錢，可不像父母這麼好說話。如果剛開始開業就急著還錢，經營事業的壓力也更大。

地雷4：銷售情況欠佳，資金週轉不靈

如果一開始沒有在創業資金中挪出3到6個月的營運預備金，一旦遭遇小李、小茹的情況，開業沒多久就遇到次貸風暴的經濟不景氣，加上現金收入不足或應收帳款過高（例如票期開得很長）而陷入資金週轉不靈，也就不足為奇。

地雷5：向地下管道或高利息工具借貸

不管是向地下錢莊或銀行的現金卡、小額借貸籌措資金，都不是好方法。即使聽過有些人用現金卡籌錢還能創業成功，然而除非非常有把握夢想能完全按照營運計畫書即時實現，否則那群靠現金卡籌資還能創業成功的年輕人，只能說是走狗屎運。千萬不要以這種方式籌資，否則不僅可能創業失敗，還會背一屁股債。

臺灣咖啡協會副理事長、輔導過四、五千家咖啡店創業的咖啡達人周溫培先生，談到開店前的財務規畫與資金配置，認為咖啡店的定位決定了資金的需求水位。例如行動咖啡店和專賣咖啡、咖啡與糕點都賣的咖啡店，以及結合咖啡、糕點與簡餐的咖啡店，定位都很不同。此外，要做單店經營，還是做異業結盟的複合式咖啡店（例如結合書店一同經營），都是一開始要先想清楚的。

此外，新事業（就以咖啡店為例）的經營方向會直接影響到資金、人事、菜單、地點甚至店面的設計裝潢。因此必須先確定經營方向，才能依循這個大方針去決定其他細節。但許多人卻往往先決定以夢想為前提，例如「我想開一家充滿普羅旺斯風情的咖啡店」，然後將所有資金圍繞在營造普羅旺斯風情，卻踩到了開店者最常犯、也最致命的錯誤。

避免從裝潢著手，控制預算

周溫培所列舉的咖啡店資金規畫，包含以下開支：

1. 生財設備
2. 硬體設備
3. 設計裝潢
4. 房租（第一個月的房租＋三個月的押金＝四個月的房租）

5. 原物料
6. 人事開支（如全職及計時人員薪資）
7. 雜支（水電費用等）
8. 至少能維持咖啡店赤字經營三個月的預備金。亦即三個月的「房租＋原物料＋人事開支＋雜支」費用

前四項都是開店前就要支付的，這其中又以生財設備和硬體設備的預算較無法更動。能變動的只有設計裝潢的費用，至於房租則牽涉到地點的選擇，變數較大。也因此，周溫培才會一直告誡創業者，開店時不要從設計裝潢著手。太多創業者常在手上有一、兩百萬現金時，第一件事就是先找點、找設計裝潢公司。這種時候手上資金充裕，為了實現夢想中的咖啡店，裝潢預算往往會不斷追加，明明只有八十萬的預算，常常等完工時，已經花掉一百六十萬，剩下的資金用來購置生財及硬體設備，再扣除繳給房東的四個月租金／押金，已經所剩無幾。

這時候，只要有些風吹草動，便極可能陷入無以為繼的窘境，不是關店就是頂讓。況且以臺灣人對餐廳裝潢喜新厭舊之快速，一家店的裝潢可能三年後就過時，如果人潮退燒，難道又得再花一筆錢重新裝潢？這些都是創業前要思考清楚的。

如果是不需要讓客人上門消費的純辦公室，當然最好就將裝潢的錢省下來，只要有乾淨、明亮、

舒適的辦公環境即可。設計、裝潢、施工費用最好能控制在一〇%以下，等日後公司營運穩定了，再慢慢改善辦公室設備也來得及。此外，很多辦公室設備能租就不要買，像是影印、列印等，除了鼓吹同仁能 Email 的文件就不要傳真或郵寄，也可衡量是否租用專業事務機，不但能避免一開始就付出一大筆錢，故障時也有專人維修。

如果是直接服務客人的店面，最好將設計、裝潢、施工費用控制在自有資金的二五%至三〇%。在裝潢施工方面也有訣竅，通常在整體的裝潢預算中，設計費約占一〇%，建材預算約三〇%，最貴的是人工，高達六〇%。哪些工序會牽涉到人工呢？主要是泥作工程，因此最好遷就原本店面的空間規格，不要有太多敲打、補實，因為只要敲打或泥作，就需要地磚、牆面、磁磚的修補或粉刷，這些都需要大量的專業人工，費用自然降不下來。另外，最好使用不是市場龍頭的名牌材料，通常選擇第二或第三品牌的產品，價格也能往下壓。

精算成本，嚴守資金節流

對於每分錢都必須用在刀口上的創業者來說，因為開張前就要付給房東四個月租金，而有些在大馬路上的店租一個月就要六、七萬，因此若能開在離馬路只有十幾公尺左右的巷弄裡，顧客不會介意多走幾步路，租金卻可能一下子差了快兩萬元，等於一開始就省了快八萬元。

此外，很多人不知道一杯咖啡的成本有多少。依照周溫培的經驗，煮一杯咖啡約需十五至二十公克的咖啡豆，一磅的咖啡通常可煮二十五至三十杯咖啡。另外，一杯咖啡所需的奶精（或牛奶）與糖，成本約在三至五元之間，此外還包括面紙、攪拌棒等材料。因此可推算出一杯咖啡的原物料成本大致在十至十九元之間，還要把房租、水電、人事、器材折舊等成本加上去，再加上一定比例的利潤，就是一杯咖啡的售價。雖然咖啡豆的進料成本不一，但還是可依此大致推估出來。

很多創業者會開店卻不會訂價，常常看競爭對手訂多少，自己也跟著亂訂，這種做法很危險。因為如果不清楚自己的成本和利潤目標，日後常會發現這樣的定價入不敷出，卻又不敢漲價，便開始改用較便宜的原物料。如果再遇到價格比你低的競爭對手，像是小李、小茹的咖啡店對面後來開了家便利商店，斜對面大樓的前庭又來了輛咖啡車，再碰到景氣一下滑，消費者全都跑去買低價的現煮咖啡，惡性循環就此開始。

至於人事成本，開店初期最好由創業者自己負責吧台，外場部分只要依店面大小再請一位全職及二至四位工讀生，通常就足以負荷咖啡館的日常業務。這樣既可省下人事費用，煮咖啡的工作也由自己負責，避免萬一吧台員工離職、在尚未找到新人前，造成咖啡品質不一。

也就是說，不管是開咖啡店、快餐店、漢堡店或開公司，創業者都必須在籌劃階段就要精細計算，並嚴格遵守資金運用原則，千萬別被自我情緒帶著跑。

計算開源成本，認識籌資管道

除了節流，還要談談開源，也就是資金籌措。很多創業者為了早點啟動創業，都會想盡辦法找資金，以為籌資不需要成本。其實任何資金都需要成本，特別是現在市場競爭激烈，利潤越來越低，任何成本都要精打細算，當然也包括借貸成本。

創業資金的籌措，除了自己的存款，大致可將籌資管道分為「金融體系」及「民間借貸」。自己的存款、親友借貸、標會等都屬於非金融體系的民間籌資管道，銀行信用貸款、政策性貸款等則屬於金融體系的籌資管道。

向親友借貸雖然不需要提出一大堆表單或文件，還款時也比向銀行借貸有彈性，卻也得面對家人親友對創業與還款的高度期待及壓力，還欠下一筆剪不斷理還亂的人情債，更可能因事前沒把利息、還款期限等權利義務說清楚，事後各種糾紛層出不窮，最後親友沒了，卻多了一些冤家。

其他像是標會，除了需要花時間找會腳，也有可能因為搶標而付出較高的利息，增加資金借貸成本，最後還要評估會腳是否有倒會的風險，這些都使得這些常見的民間籌資管道多了一層風險。

如果連這些籌資管道都有一定程度的風險，那麼向地下金融管道借錢就更危險了。不僅利息超高，而且一旦還不出錢，黑道就伴隨而來，下場如何就不必說了。

政府的政策性創業貸款非常多，一般較常見的政策性優惠貸款可分成「青年創業貸款」、「青年

金融體系	非金融體系
1. 銀行貸款（一般貸款、創業貸款）	1. 親友借貸
2. 政府機構	2. 標會
3. 政府專案補助	
4. 政策性專案優惠貸款	

創業逐夢啟動金」、「企業小頭家貸款」、「微型創業鳳凰貸款」、「中小企業小額簡便貸款」、「數位內容產業及文化創意產業優惠貸款」、「促進產業研究發展貸款」、「建構研發環境優惠貸款」、「流通服務業優惠貸款」等。除此之外，還有個別產業的專案補助或貸款。都是為了鼓勵創業者不要被資金所苦而成立的各種貸款基金。

例如中小企業處於二〇一二年底新推出的「青年創業逐夢啟動金」，就是為了鼓勵青年返鄉築夢創業，形塑在地產業特色，以促進就業、繁榮地方經濟。因此如果創業者想做的是以發展在地農業、水土保持、觀光民宿、文化創意、綠色永續、在地照護、在地教育或公平數位機會等為主要業務的產業，就滿適合申請此項貸款。

如果創業者不知道自己適合哪一種創業貸款，建議直接打電話到中央相關機關或地方政府詢問，中央部會與創業相關的機關，以行政院勞委會和經濟部中小企業處為主〔注2〕，至於地方政府則不一定會有專門的創業貸款，但只要打電話到各縣市政府，透過總機就能轉接到相關單位。創業者一定要勇於開口，只要肯問，自然能得到答案。

就我所知，多數的創業者在創業資金不足時，第一個想到的都是非金融體系的籌資管道，接著是向銀行借貸，然後是小額信貸或現金卡、信用卡、二胎房貸或車貸，最後才知道原來還有政府的專案補助或優惠貸款。

目前各銀行所提供的各種貸款服務，利率大多在八％以上，但以經濟部中小企業處的「青年創業貸款」和勞委會的「微型創業鳳凰貸款」為例，申貸者的貸款利率都只有二％至三％，多出來的銀行利率都由政府補貼，而且還款條件與期限也比其他融資管道友善（想想看八％跟三％，差了五％的成本！），所以如果條件符合，應該盡量爭取政府的專案優惠貸款。

很多創業者會問：「我有資格申請青創貸款或微型創業鳳凰貸款嗎」？其實為了顧及申貸的便利性，這些貸款已經盡量壓低申請門檻。這兩項創業貸款最簡單的區別就是年齡限制。依照規定，青創貸款的申請人年齡必須介於二十至四十五歲之間，微型創業鳳凰貸款的申請人，男性年齡須介於四十五至六十五歲，女性申請人介於二十至六十五歲，其他特定條件若也都符合，即可申請。

以中小企業處的青年創業貸款為例，申請人的資格有以下限制：

1. 申請者年齡須介於二十至四十五歲。
2. 申請者必須是公司或行號的負責人或股東（因此如果公司尚未成立就無法申請青創貸款）。
3. 申請者不能是其他公司或行號的經營者或股東，也不能任職於其他事業（亦即有正職工作的上班族無法申請）。

4. 申請者的事業（公司或行號）設立時間不能超過三年。

這些規定都是為了鼓勵有志創業的青年能夠踏出穩健的第一步。其中，第三及第四點規定主要是希望創業者能專心在新事業的創立，如果有正職工作又要一邊創業，兩頭忙碌下，很可能會失敗，借出去的錢便收不回來了。這也是避免造成呆帳的考量。

至於微型創業鳳凰貸款，除了年齡方面限制女性介於二十至六十五歲、男性介於四十五至六十五歲，其事業還必須是依法辦理、成立未超過兩年、員工人數不滿五人的微型企業才行。

以金額來說，青創貸款提供較高的貸款額度，如果是擔保貸款（有不動產、票券、機器設備之類的抵押品），每人可申貸三百萬元，加上最多可貸到一百萬元、不需抵押品的信用貸款，每人最高合計可申貸四百萬元，且一家企業最多可由三位股東申貸，因此最高可貸到一千兩百萬元。

至於微型創業鳳凰貸款的申貸額度最高可到一百萬元。如果是經過中小企業創業育成中心輔導培育的企業創業者，每人的信用貸款額度可從一百萬提高到一百五十萬。

臺灣中小企業銀行臺北復興分行的經理楊炤宗說，由於創業青年大多沒有已付清貸款的不動產來申請擔保貸款，因此許多創業青年都會申請一百萬元的信用貸款，分六年攤還。第一年每個月只要償還不到三千元的利息，第二年以後，每個月也只要攤還約一萬八千元的本息，對剛開始創業、事業還處於燒錢階段的創業者而言，可降低不少初期的還款壓力。

很多創業者都說：「政府部門最官僚了，沒有銀行信貸簡單。」這樣說也沒錯，但政府部門基於保障原則，申請資格、還款期限等相關規定都有明確說明，也不會隨便調漲利率。雖說政府在行政上較無彈性，但這個缺點在貸款業務上反而變成優點，使創業者在申貸時比向民間業者貸款更有保障。民間借貸只有借的時候很簡單，業務員也滿口答應，等還不出錢來，那就走著瞧了。

許多創業者常興匆匆地拿著創業營運計畫書跑到承辦青創貸款的銀行，希望能馬上得到貸款，銀行承辦人員卻拿出一疊表格和清單請申請人填寫，不僅這些資料過去從未填過，還要找保人，想到這麼麻煩，許多人就打了退堂鼓。

其實，很多人申請青創貸款遇到困難，有時候是由於雙方溝通不夠所導致。創業者常有錯誤觀念，認為就是因為沒錢，才需要向銀行借錢，但站在銀行的經營立場，一定要確保貸出去的資金能收得回來，如果申貸者連資料都準備不齊，本身也不投入任何資金，銀行自然會對申貸者的創業決心打個大問號。簡單說，如果你沒有錢，銀行是不會借錢給你的。

其實政府跟承辦銀行的想法很簡單，創業是一種責任，尤其對年輕人來說，如果自己也能負擔一部分資金，應該會更用心在事業的經營，銀行也會比較放心。

避開申貸地雷

雖然說，各種政策性貸款是由政府所推動，但實際上辦理政策優惠貸款業務的，還是由各公民營銀行負責。申貸案能否通過，完全掌握在承辦銀行手中，而任何業務都需要由「人」來執行。只要是人，就會有主觀意見，也會有個人好惡，這一點千萬要注意。通常銀行會拒絕創業貸款申貸案的原因包括：

1. 文件或證件不齊備。
2. 申請人信用紀錄不良，例如繳款不正常，甚至有退票紀錄等。
3. 借款用途不明確、過於牽強，或申貸購買的產品價格高於市場行情太多。
4. 申請人想利用貸款償還民間借貸。
5. 創業營運計畫書中的還款計畫不具可行性。

想要提高申貸成功率，我整理出來的結論如下：

1. 盡量找位於公司或店面附近的銀行申請青創貸款。
2. 最好找申貸者已有信用往來紀錄或存款紀錄的銀行申貸。
3. 盡量和較常辦理相關政策性貸款案件的銀行申貸。

4. 多問幾家承辦銀行，貨比三家不吃虧。在業務競爭壓力下，可適時透露其他銀行的利率，看能否獲得較優惠的貸款條件。
5. 保持良好的個人信用紀錄（亦即不要有不良或惡意的欠款紀錄）。
6. 創業營運計畫書的內容要務實可行，不要天馬行空或好高騖遠。
7. 事先請教銀行應備齊的文件及證明。如有任何問題，應尋求政府資源（如經濟部中小企業處的創業諮詢服務中心）協助輔導。

許多銀行在三百萬元的貸款額度內，不需呈報總行就能自行決定申貸案，像是一百萬元的青創信用貸款通常都由分行經理決定。**因此向哪一家銀行的分行申貸，就是成功的關鍵。**如果某家銀行對辦理青創或微型創業貸款的政策不夠積極，分行承辦行員自然也不會熟悉相關規定與流程，在少做少錯的心態下，申貸案被打回票的機率也較高。這也是為什麼最好要找承辦相關貸款經驗較豐富的分行。

至於為什麼創業者要保持良好的個人信用紀錄呢？原因在於，額度一百萬的信用貸款金額其實不算大，因此銀行在收到申貸案時，通常不會先看營運計畫書，反而會先向聯合徵信中心調閱申貸者的個人信用紀錄，紀錄不好，申貸成功的機率就大幅降低了。

無論是申請政府的政策性貸款或銀行自辦的各種融資服務，都必須先檢視自己在創業計畫中的財務規畫是否健全。更重要的是，**千萬不要遲繳信用卡、現金卡或其他分期付款的帳單，這些攸關個人**

信用的資料都會存入聯合徵信中心資料庫。時下年輕人常覺得遲繳帳單沒什麼大不了，等到要申請貸款被拒絕時，後悔也來不及。對銀行來說，連個人信用都維持不好，如何經營一家企業呢？

找保人也是許多創業者放棄申請貸款的主要原因。過去政策性貸款條例將保人的條件限定得很嚴格，經過承辦銀行反映後，這兩年已修改為由各承辦銀行自行決定保人條件。過去由於申請人的家屬有瓜田李下之嫌，不能夠當保人，現在只要有自有資產，即使是兄弟姊妹也可以當保人。銀行只是要確定保人有能力購置資產，萬一將來申貸人還不出錢，至少保人比較有能力償還貸款。總之，讓銀行的疑慮越少，申貸成功的機會就越大。

不容小覷的「隱性成本」借貸地雷

銀行存在的目的就是獲利，除了賺取利息做為放款業務的獲利來源，經常還會規畫一些條款以增加營收。羊毛出在羊身上，這些多出來的費用當然就由申貸者負擔，如此一來也就壓縮了創業者實際能運用的貸款金額，這就是「借貸地雷」。

許多銀行常向客戶收取各種名目的費用，在拉貸款業務時卻往往只會標榜「低利率」、「免保人」等優惠，等到申貸者遞件後，這些費用就會一個個冒出來。由於有些費用會直接從貸款金額中扣除，申貸者比較沒感覺，事實上卻等於變相增加申貸者的貸款成本。這些費用包括：

1. **開辦費**：以青創和微型創業貸款為例，兩者都規定除了申貸人的信用紀錄調閱手續費（約數百元）及信保基金保證手續費，銀行是不能收取開辦費或其他名目費用的。但許多銀行會表示，依銀行規定需要收取一筆開辦費，費用多寡不一。有些銀行自辦的信用貸款會收取貸款額度的九%做為開辦費，因此假設貸十萬元，申貸者就要多付九千元，這是最常見的費用。
2. **手續費**：是銀行辦理政府創業貸款的手續費，看似合理，然而這筆費用按規定是不該收的。
3. **帳戶管理費**：有些銀行會向申貸者收取申貸戶在貸款期間的帳戶管理費，同樣的，這筆費用也是不應該收的。
4. **帳戶回存**：由於銀行辦理信用貸款時，依政府規定可將貸款金額的八成送交信保基金信保，如此一來，對承辦銀行來說便只剩下兩成風險。因此有些銀行會規定申貸者必須回存兩成的貸款金額在帳戶內不得使用，把那放款的剩餘兩成風險也轉嫁給申貸者吸收。也就是說，假設申貸者借了一百萬的信用貸款，實際上卻只能動用八十萬。這樣的規定也是不合理的。

此外，無論是申請政府創業貸款，或是向銀行小額信貸，都要注意兩件事：

1. 有些銀行常打出超低利率的廣告，然而多半是指「階梯式利率」。即前幾期利率較低，接下來就往上攀高，甚至超過正常水準，因此還款時間拖得越常，總借款成本就越高。

2. 向銀行申請貸款前，一定要詳讀合約書背後的條款。因為隱藏性費用都躲在這些密密麻麻的條款裡，這也是創業一族在申貸時最容易忽略的死角。

除了以上各種費用，申貸者還要注意逾期繳款的懲罰條款（通常稱為「違約金」或「懲罰息」），有些銀行會將這些罰金訂得很高，如果不小心違反規定，申貸者付出的成本將遠超過想像。

通常創業者最常問的問題是，有這麼多種借貸管道，究竟哪一種最好？其實只要適合自己的借款金額與還款能力，就是好的借貸管道。不管哪一種籌資方式都需要考慮成本與風險，而考慮到較低的借貸利息，以及較低的借貸風險、合適的還款期限，政策性創業貸款的確是比較好的選擇。當然，如果有其他低風險的管道也不錯，這一點就端看個人狀況了。

注2：隨著組織再造，不少政府部門業務都因單位整併而有所調整。過去隸屬行政院的青輔會，就被整併到教育部後，成為「教育部青年發展署」，過去青輔會時代的青年創業貸款業務也已被轉移到經濟部中小企業處。

各級政府現有貸款政策服務一覽表

（資料提供：中華民國全國中小企業總會）

項目	主辦單位	對象	規模		培育期			陪伴輔導		
			稅登	營登	課程	諮詢	貸款	輔導	推廣	關懷
微型創業鳳凰貸款	行政院勞委會	・婦女 20-65 歲 ・中高齡 45-65 歲	✓	✓	✓	✓	✓		✓	
青年創業貸款	經濟部中小企業處	青年 20-45 歲	✓	✓	✓	✓	✓			
中小企業新創事業貸款	經濟部中小企業處	公司或商業登記未滿3年且經經濟部獎（補）助、輔導（不含諮詢）之新創中小企業		✓			✓	✓		✓
小蝦米商業貸款	高雄市政府	20-65 歲	✓	✓						
幸福微利創業貸款計畫	新北市政府	20-65 歲	✓	✓	✓	✓	✓		✓	✓
青年創業啟動金	經濟部中小企業處	20-45 歲	✓	✓						

創業避雷指引

臺灣產業訓練協會理事長　樓正浩

1. 創業者往往先考慮產品或服務的定價、通路及促銷等「行銷學」，殊不知「成本」才是決定創業成功的前提。
2. 知道成本的底限，才能訂出有利潤、有競爭力的價格，才能決定要走哪種銷售通路，也才能明智判斷各種促銷方案是否會侵蝕掉僅有的毛利。
3. 有些創業者不清楚自己產品的成本到底為何。以烘焙食品為例，創業者往往只把各項投入原料的成本稍微拆解一下，用料比例算得不是很精確，就當做是「原料成本」；或把各項產品所用到的各項包裝材料加總，就當做是「包材成本」；再把「原料成本」、「包材成本」與「自己認定應得的毛利」加總，便自行訂出產品定價，但真正的成本計算並非如此。
4. 銷貨成本的要素應是料、工、費，即「原（物）料成本」、「人工成本」與「製造費用」三要素。太多創業者，尤其是微型創業者，在決定產品定價時往往只考慮到原物料成本，而忘了自己不眠不休工作了好幾日所應得的「人工成本」，也忘了連續使用數十小時的冷氣空調、瓦斯、水電等「製造費用」。

張志誠

1. 有錢不是萬能，沒錢卻萬萬不能。資金配置失調是創業的致命傷。
2. 開店的定位決定資金的需求水位。必須先確定經營方向，才能依此決定其他細節。
3. 開店時要避免從設計裝潢著手。
4. 嚴格掌控設計裝潢預算：一般辦公室要控制在總預算的一〇%以下，直接服務客人的店面也必須控制在自有資金的二五%至三〇%以內。
5. 創業者在籌劃階段就必須精打細算，並嚴格遵守資金運用的「節流」原則。
6. 「開源」的資金籌措，可分為「金融體系」及「民間借貸」。
7. 銀行不會借錢給毫無自備款、完全不投入自有資金的人。
8. 平時遲繳信用卡、現金卡或其他分期付款帳單，將嚴重影響個人信用。
9. 讓銀行的疑慮越少，申貸成功的機會越大。

第5爆

原來加盟開店不簡單？

- 加盟創業未必保證獲利高，加盟的品牌再熱門，加盟主也必須自立自強。
- 事前必須徹底了解並比較各加盟總部優劣、清楚自己的權利，同時看清合約地雷。

回到小雪和小吳的故事。他們可說是典型的上班族——自認是中產階級，但對現有工作與收入不滿，同時又擔心隨著年資越長，自己在公司的價值越低——所以自然而然就選擇了創業。聽到朋友介紹茶飲店，就興匆匆地跑去參觀這家茶飲品牌。

雖然他們問了業務人員關於開辦費用、設備、裝潢、技術支援、地點選擇、行銷廣告等問題，也實地去看了加盟店的營運狀況，但為什麼最後還是做得既辛苦又後悔呢？除了前面分析的各項原因，還有兩個更重要的問題，就是(1)對連鎖加盟總部的了解不夠、(2)低估單店經營所需的能力。

小雪和小吳的創業故事，其實就是現今廣大上班族最傾向的創業模式——連鎖加盟創業。雖然我寫的是他們算是失敗的加盟案例，但還是有很多成功的連鎖加盟創業者。究竟連鎖加盟是不是個好的創業模式？其實這是個從天亮爭論到天黑都不會有結論的議題。然而，我還是要開闢專章探討連鎖加盟創業。畢竟這是臺灣創業者最常選擇的模式。

很多想透過加盟創業的人會有想像，覺得靠加盟就能有高獲利，就跟小雪夫妻看到的、雪山隧道附近那家範本加盟茶飲店一樣。殊不知，加盟創業未必保證獲利高。特別是這幾年大環境不好，許多創業者預計投入的資金都比過去幾年減少，顯然大環境景氣下滑，創業者也變得更為保守。為了吸引創業者加盟，加盟總部便推出各種優惠，例如免加盟金、降低加盟金額、免設備費、抽獎送加盟金，甚至還有加盟總部打出保障利潤（開店後如未達一定毛利，加盟總部會補貼金額）等。但越是推出各種優惠，想加盟的你越要想，世界上怎麼會有這麼好康的事？

連鎖加盟總部好壞參半，不過基本上並不是在做慈善事業，如果他們願意免收加盟金，大部分都是在加盟主加盟後，從原物料採購來回收加盟金，或者按季收取顧問費（這一點在合約上會載明，但大多數創業者都不會細看合約）；或是等日後總部推出大型行銷活動時，要各分店分攤活動費……總之，有各種費用會在日後向加盟主收取，這些都是日後的經營成本，卻是創業者在簽約時沒想到的事。就像電影「無間道」中的臺詞——出來混，總有一天要還的。在此要給所有想利用連鎖加盟創業的人一句勸告：「天下沒有白吃的午餐！」

當然，也不是說加盟總部一定會將創業者吃乾抹淨，一般來說，加盟總部與加盟主之間應該是互利共生。只是在下決心之前，以下這些連鎖加盟的產業生態及可能遇到的情況實在不可不知。

加盟前的不可不知

一般來說，加盟總部在和加盟主簽約前，應該要清楚告知他們會收取的費用，如加盟金、權利金、保證金、裝潢費用、設備費用、原物料費用等，有些加盟總部還會收取教育訓練費、廣告分攤費、行政管理費等。理論上，既然收取加盟金，加盟總部就有義務提供設備採購、操作技術、商品採購、店址選擇、裝潢施工等開店的 know-how，因此如果總部的收費清單中有一筆「技術指導費」，最好問清楚這筆「技術指導費」是在指導什麼？它與「加盟金」的差別在哪裡？

另外，多數加入連鎖加盟的創業者在開店後都需要向加盟總部進貨，建議一定要問清楚日後進貨的費用問題。像小雪夫妻遇到的情況，就是加盟總部配送的原料比小吳自行去大賣場找到的同品牌、同容量原料還貴，然而總部卻清楚告知，加盟主私下找別的管道進原物料就是違約。

你也可以這樣問總部的業務：「加盟總部的採購實力比單店強，為何你們賣給加盟主的原物料還比我們自己在大賣場買到的同品牌同容量產品貴了一五％呢？」聽聽看對方怎麼說，當然他也有可能推說因為總部提供整合採購及配送到店的服務，所以多一五％是合理的，這就看你能不能接受了。

有些加盟總部如麥當勞和肯德基，則不會在原物料採購上占加盟主便宜，他們給直營店和加盟店的原物料（麵包、蔬菜、肉品等）價格都一樣，而且也比外面單一店家自己去購買還便宜。因為他們賺的不是這些「進貨財」，而是「經營財」，他們的獲利模式是「營運中心」，靠收取加盟店每個月營業額的一定百分比做為權利金；此外，也許你也有感覺肯德基的新商品開發速度滿快，因此他們還會明文規定將額外收取新產品開發的服務費。

這些連鎖加盟品牌龍頭能夠做到這麼大不是沒有原因的，他們很清楚自己的定位，在制度上非常透明，但像這樣有制度的連鎖加盟總部畢竟不多，所以創業者在和加盟總部面談時，一定要搞清楚這些問題：

1. 總部如何供貨給加盟主？
2. 總部會收取哪些一次性的費用？

3. 總部會收取哪些定期費用？

如果總部回答不出來，那你還真得考慮這樣的加盟總部是不是你值得託付的對象。沒有經驗的創業者，**想要透過連鎖加盟方式降低創業失敗率，前提之一就是要選對加盟總部**，不可不慎。

當然，這其中還牽涉到加盟主的個性與所選行業的問題。例如，如果你是夜貓子，卻想開連鎖早餐店，除非你能完全調整自己的個性與生活習慣，否則每天清晨四、五點就要起床準備，可會讓人抓狂；或者喜歡喝咖啡就跳下去開連鎖咖啡店，卻不知道開店後從早到晚得忙裡忙外十幾個小時，根本不可能像原先想的一樣，每天找姐妹淘來喝下午茶……諸如此類，等開了店才後悔就來不及了。

假設你選擇的是與自己的個性及生活習慣都符合的行業，那有幾件事也務必要確定：

1. 我確實了解想投入的產業嗎？

你想投入的行業，其產品是消費者會專門上門消費的，還是到處都可以買到的？如果是後者，你考慮過以下的問題嗎：

(1) 這個產品或服務有什麼特別之處？
(2) 欲開設店址的附近，其商圈屬性為何？
(3) 欲開設店址的方圓之內有多少競爭者？

(4)這個商圈是否已經飽和，是否還能再加入？

像小雪夫妻加盟的茶飲店，其產品對許多消費者來說就不具有「非它不可」的產業特性。一般消費者都會選擇最近或順路的茶飲店，而不會刻意跑大老遠買飲料。但如果是重型機車服裝裝備店，即使是開在臺北市北區要上中山高速公路的大馬路尾巴，但對這種行業來說，店址並不是那麼重要，因為它的消費者是有特定目標的族群，大多會上網搜尋相關重機產品，確定店址後自動上門，店家頂多選擇馬路人潮較多或交通便利、方便停車的地段以方便消費者即可。

2. 我確實具備相關技術嗎？

有些創業者想的是自己只要出資金即可，技術方面就聘請專業人員來負責。坦白說，建議你還是努力學得想投入產業的專業知識或技術比較好。例如想開美語補習班，自己卻連英語拼音都不會，除非你能找到一位具備英語教學專業，又對你忠心耿耿的專業經理人，否則如何判斷外籍老師的英語能力和教學熱忱？

3. 我確實了解想簽約的加盟總部嗎？

確定想投入的產業後，就得去了解想加入的加盟總部。目前幾乎各種產品都有連鎖加盟品牌，從門檻高的咖啡店到門檻低的滷味餐車都有。不過，在這之前一定要先了解加盟總部的產品開發能力。

建議可隨機抽樣加盟店的產品，看看他們的產品、包裝或行銷與競爭者比起來，是否有獨特之處。

以茶飲店來說，現在大部分的茶飲店都大同小異，你有的我也有，但有的茶飲店會將比較特殊的產品以「需求傾向」來命名，就像 7-11 的保健藥品有中草藥配方，或茶飲品牌針對女性生理期推出飲料，這種以需求為導向的飲品因此能獨樹一格，銷量也比一般飲料的指名度高。這些都是創業者在和加盟總部簽約前，應該先深入了解的。

4. **我確實了解加盟總部的收費項目和基準嗎？**

這一點是很多創業者最在乎的，但即便如此還是很容易踩到地雷。例如，有些加盟總部為了吸引創業者加盟，會承諾只要加盟營業，就能給予最低獲利保證。不過，通常這種獲利保證指的都是「毛利」的獲利，也就是尚未扣掉管銷、雜項支出等費用。要是哪家加盟總部敢承諾「淨利」的獲利保證，反倒可能有問題，最好三思而後行。

別放掉你的合理權利

其實政府在連鎖加盟方面有訂定相關規範，只是一般創業者都不知道這些資訊，白白放棄了自己的權利。在此提供這些項目供大家參考，這是你在和加盟總部簽約前，可主動詢問並要求業者提供的資料，別讓自己的權利睡著了。以下就是行政院公平會頒布的、對「加盟業主資訊揭露」之規範，是加盟總部在簽約加盟的十天前，必須主動提供給加盟主的相關資訊：

1. **負責人及主要業務經理人的背景：**確認負責人或企業主要幹部過去是否有破產、債務、詐欺等民事刑罰紀錄。
2. **總公司的財務與加盟狀況：**加盟總部最近一年的資產負債表、損益表，以及最近三年財務改變狀況報表（用來判斷總部的經營績效）。
3. **開始營運前需繳交的費用：**如加盟金、教育訓練費、購買商品、資本設備等。資料需包括其項目、金額或預估總額（指開店前所有的籌備開銷）。
4. **加盟營運過程中的費用：**如權利金之計收方式，以及經營指導、購買商品或原物料等定期應支付的費用。資料需包括其項目、預估金額（指開店後加盟主還需要定期支付給加盟總部的費用）等。
5. **各項權利授權範圍：**確定加盟總部的背景資料，確認是否登記有案，並注意其服務標章是否有註冊。接著弄清楚總部授權使用的商標權、專利權及著作權等，其權利內容、有效期限、授權使用範圍與各項限制條件。

6. **經營協助及訓練指導之內容與方式**：確定開店前是否有商圈評估、門市訓練，開店後是否有專人負責輔導等。

7. **加盟店在同區域的未來規畫**：確定加盟總部在同一營業區域是否有相同體系的經營方案或預定計畫，以確保總部不會只站在自身立場拚命拓點，卻犧牲加盟主的收益。

8. **加盟營運狀況**：加盟總部應提供其所有縣（市）同一加盟體系之數目、營業地址及上一年度解除、終止契約之比率的統計資料，如此才可了解加盟總部的規模與經營體質。若終止契約的比率很高，表示這家公司有問題。

9. **在契約期限內的經營限制**：加盟總部需提出商品與原物料採購的相關規定，以確定是否會對創業者不利。

10. **其他契約相關條件**：關於契約變更、終止、解除之條件及處理方式，尤其要注意加盟期限、續約或更改契約的條件與規定。

許多創業者在簽約前都沒想到要去找已經創業的其他加盟主聊聊。其實要找到肯聊的、正在營業的加盟主並沒有想像中困難，但一定要選生意較清閒的時候去，否則老闆也不會有時間跟你談。當然，你得先花幾天時間去觀察加盟店的營運狀況，才能知道對方一天當中何時會較有空。

和加盟主談的好處是，你肯定可以聽到很多他們覺得後悔的事，這些都是他們花錢才學到的血淚教訓，也是你在未來很有可能踩到的地雷。例如，他們可能開店不到一年，周邊就又開了同品牌的加盟店，或是開店半年後，總部就沒有人來輔導了……相信我，如果你能遇到願意和你談的加盟主，肯定會聽到一大堆有用的苦水。當然，加盟主的抱怨也有可能是為了不想多一個人跟他搶市場，但至少透過這樣的方法蒐集資料，可做為簽約前下決定及簽約時爭取條件的依據。

尤其，像是合約期間、加盟對價、商圈保障、續約條件、競業禁止、加盟權利的轉讓等，這些都是加盟總部鎖得最緊的幾個條款，但也是影響創業者經營權益最深的條款，務必積極爭取。

簽約前的不可不知——避開合約地雷

臨到簽約時也有許多事要注意，否則還是有可能在最後一刻踩到合約地雷：

1. 確認所有該付的款項與金額

通常在加盟過程中，會談到的主要費用包括「加盟金」、「權利金」和「保證金」。加盟金是簽約時要一次付給加盟總部的金額，以取得加盟總部品牌的單店經營權；權利金是開始營運後，定期要支付給總部的款項，以取得總部提供的營運服務；保證金則像租房子時的押金，如果加盟主在合約期間確實履行合約，等合約終止時，加盟總部會無息退還給加盟主。

但是，除了加盟金、權利金和保證金，合約中還規定加盟主要付給總部哪些錢？這些錢是一次付清，還是可以分期付款？總部是只收現金，還是也收支票？也就是說，任何在合約期限內對自己有利的條件都可以在此時提出，先不用管對方答不答應，提就對了。

2. 合約期限與續約條件

一般來說，合約簽的期限越長，對加盟主越有利。除此之外，合約到期後加盟主若想續約，是否還要付續約金？或是總部有無規定，若要續約需同時更新設備？（這樣總部又可賺一手）建議最好能談到「無痛續約」，亦即盡可能爭取沿用原來的加盟合約。

3. 合約期間購買的商品或設備之條件

通常，加盟總部會統一供應商品、原物料及設備來控制服務與產品品質，然而總部的議價能力雖然強，有時卻會以低價進貨，再以高於大賣場的價格供貨給加盟主，賺取利潤。所以在簽約時要問清楚，如果哪天加盟主能取得同品牌或同品質的原物料商品，是否能向總部指定之外的供應商拿貨？

建議在簽訂合約前可先向總部爭取在合約中加注「總部供貨價格不得高於一般市場行情，或可接受高出市場行情多少百分比」等條文。此外，合約中雖載明加盟主必須向總部指定的供應商拿貨，這是否包括日後推出的商品及生財設備？這一點也要一併問清楚。

4. **確認商圈保障的條件**

商圈保障指的是加盟總部承諾不會於日後在同一商圈內另開直營店或開放加盟。商圈保障是對創業者最有保障的一道防線，但通常不會在條約內載明。最好直接問清楚，否則日後造成同品牌自相殘殺的情況就後悔莫及。

5. **確認合約終止條款**

通常創業者會遇到的困境是加盟總部說一套做一套，在創業者簽約後不能提供原本說得天花亂墜的保證，這時候，上了賊船的創業者就得靠合約終止條文給自己解套，因此一定要看清楚在何種情況下可終止合約的相關規定。當然，也有可能是自己有意或無意違反了合約（例如小雪夫妻私下進貨），如果因此被片面終止合約，那所有投入的資金都打水漂了，所以最好在條約中載明，總部在終止合約前必須事先通知，並給予加盟主合理的改善期限。

6. **加盟權利轉讓條文**

不管開業後生意好不好，有時加盟主會在創業後才發現，這行業真的不是自己想做的，此時如果有人願意接手不是皆大歡喜嗎？這就牽涉到加盟權利轉讓的條款。創業者可詢問⑴如果想轉讓加盟權利，總部是否具有優先承購權，以及⑵如果總部在一定期限內沒有表達承購意願，加盟主就可以找其他人承購；或者(3)讓售對象不需經由總部同意。這些都是必須白紙黑字寫清楚的。

7. 加盟主的競業條款限制

有時候，例如加盟主雖然喜歡開早餐店，卻覺得遇人不淑，在結束合約後想再找一家更好的早餐店加盟總部，但當初簽下的合約中卻寫明，加盟主在合約結束後幾年內不得從事相同事業，這不就慘了？所以這一條最好也要問清楚，包括有無競業條款，如果有，限制範圍包括哪些，例如時間、區域、幾年內不得從事相同事業等。

在此也要提醒加盟主，別只看了一家加盟總部就「私定終身」。別忘了，創業的錢都是你省吃儉用，好不容易才省下的，如果只看一家就輕率投入，事後通常都會後悔。

那麼，難道要看好幾家連鎖品牌嗎？是的。別嫌煩，別嫌累，雖說各家的加盟條件大同小異，但很可能就因為這些小小的差異，影響到你加盟後的利潤。**建議還是要多方比較，找出自己最適合的加盟品牌**。

再熱門的品牌也要自立自強

好不容易搞定加盟總部，很多創業者會心想，接下來應該每天就可以過著數錢數到手抽筋的日子了？如果真有這麼好的事，大家就不會每天喊日子難過了！

其實很多創業者以為只要掛著著名的連鎖品牌就吃了定心丸，只要加盟總部有辦活動，自己的加盟店就有生意。然而像小雪、小吳加盟的連鎖品牌雖然邀請了偶像明星擔任代言人，小吳收到總部的新聞稿後還興奮地對小雪說：「我們的店要紅了！」但這些行銷活動最終還是沒能反映到他們單店的營業額上。所以說，即使是加盟連鎖品牌，還是要自立自強，走出自己的路。

再提供一個真實故事。故事主人翁小雯和小偉在創業過程中的許多思考點，都和小雪、小吳夫妻不同。

小雯和小偉也是上班族，隨著年紀漸長，也遇到和小雪、小吳同樣的問題——年資越深，薪資卻沒有半點增加。最後決定趁年輕趕緊創業，於是開始研究該加盟哪種行業。

他們原本也想加盟茶飲店，但實際去請教已經營業的加盟主後，發現茶飲業的旺季是夏天，冬天是淡季，毛利雖然不錯，但營收就不穩定了。而且隨著健康意識抬頭，消費者很可能逐漸拒絕高熱量茶飲。夫妻倆到處考察不同的行業，最後發現做吃的營收還是比較穩定，便決定投入早餐業。

以發展潛力及合理成本選擇店址

兩人開始尋找開店地點。原本他們看上了醫院附近的店面，但店租將近十萬元，想拿來開毛利率不算高的早餐店，等於錢都賺給房東了！地點再好也只能放棄。接著他們又發現新北市捷運站附近有店面出租，原本想趕快搶下來，但理智提醒他們再謹慎些，於是又花了一星期，每天到這個店面去觀察，從早上六點半一直看到八點。結果發現，原本以為生意一定興隆的地點，消費者卻大多因為搭捷運到臺北市上班，而選擇在市區內的捷運站或辦公室附近買早餐，因此兩人也放棄了這個地點。

最後，他們找到了新北市另一個地段的店面，還請小偉的媽媽一起來輪班，記錄不同時段的人潮。結果發現，不管晴天或雨天，這條馬路上的早餐店即使到了早上九點之後，都還有五成以上的客人。因此即使店面離家不近，他們還是決定租下這裡做為創業的起點。

設定日營業額，不斷檢討精進

除了降低成本，小雯和小偉也一邊計算，到底一天要做多少營業額才能符合他倆共同創業的目標，最後他們設定一天的營業目標是一萬元。如果以客單價四十至五十元來看，每天至少要做到兩百五十人。

考察幾家總部後，他們選定了某連鎖早餐品牌，接著就是簽約、店面裝潢、受訓實習。開業後的促銷期間內，生意確實比預期好，但過了促銷期生意便大幅下滑，還超過當初總部預估的兩成跌幅。小雯和小偉開始思考到底哪裡出了問題，他們一項一項產品、一道道製作流程檢討，但看似都沒有問題。

有一天，小雯突然發現，也許問題出在他們沒有站在「客人的立場」來檢討。於是他們把自己當成客人，重新審視所有的產品和流程，接著便發現，按照他們先前的做法，有些產品（例如麥香雞）會先炸好以節省客人等候的時間，但若因此擺涼了，等客人上門時再重炸一次，雖然時間縮短了，味道卻變差了。小雯認為，也許寧可告知客人要等三分半鐘，也不要再讓客人吃到過老的麥香雞。

此外，他們也發現高單價、高毛利產品（例如潛艇堡，賣兩個潛艇堡可抵三個漢堡）的銷售量普遍偏低。他們開始仔細觀察，分析為何消費者都不點這些產品。後來發現，像潛艇堡的製作過程就太耗時，總部配的烤箱使得製作時間太長，客人因為不想等，都會改點低單價的土司。最後他們忍痛自費買了高效能烤箱，大幅縮短烤製時間，改善了這個問題。

另一方面，小雯覺得總部指定的供貨商所提供的生菜不夠好，他們又跑去找品質更好的進口生菜，幸好當初簽約時有載明可自行選擇供應商，因此沒有被總部綁死。

除了食材，兩人也非常注重店內環境衛生。小雯每天一定帶著工讀生一起清潔整理，因為她自己上館子也會看店家的櫃檯、做餐區是否乾淨，注意做餐的人是否絕不經手容易沾染細菌的收錢作業……這些雖然都是細節，但「魔鬼藏在細節裡」。她總是親自帶著工讀生一起做，讓他們知道該做到什麼程度。

即使這麼努力工作，兩人的獲利還是沒有很高。營業額扣除管銷、人事、原物料後，竟然比他們兩人當上班族時賺得還少。他們再次追根究柢，拆解各項成本，發現最占成本的還是人事費用，尤其他們還請了正職人員，薪資支出自然居高不下。

兩人立刻將正職人員改成工讀計時人員，並且將尖峰與離峰時段的人員配置做了有效調整。如此一來，離峰時間只要兩個人即可，有效降低了人事支出。

幾個月後，小雯、小偉調理的技術越來越純熟，和客人的關係越來越好，一些熟客的喜好餐點也都牢牢記住，最後，每月淨利果真高過兩人當上班族時的月薪加總，小雯和小偉終於站穩了創業第一步。

從小雪、小吳和小雯、小偉這兩對夫妻檔的創業過程，你看到了哪些不一樣的地方？創業其實跟籃球或棒球比賽一樣，打得都是團體戰，比的是誰犯得錯少，誰能儘快改正錯誤。大多數情況下，我們很少看到一場比賽中，某一隊不停犯錯卻還能打贏比賽（除非對手犯的錯更多），也很少看到哪個教練會把不斷犯錯的隊員持續留在場上。

小雯和小偉在創業過程中的重要轉折點，就在於他們遇到逆境時會努力找出問題，及時修正。對創業者來說，除了正面積極地準備創業的各項計畫，也一定要隨時反省，看看哪些地方可能犯了錯，並和團隊集思廣益，儘速調整。

一般來說，創業者若能熬過前三年，其存活的機率就高很多。因為在剛開始的三年內，該犯的錯都犯了，如此還能存活下來就表示這些錯誤在尚未危及事業之前，得到了修正。切記，任何錯誤都會耗費企業寶貴的資金、人力、時間。總之，犯的錯越少，存活的機會越高。

創業避雷指引——

臺灣產業訓練協會祕書長　陳文彬

1. 學習、模仿、創新是連鎖品牌切入市場的關鍵策略。
2. 加盟事業成功的關鍵，在於創造成功經驗與更高的開店成功率、提升品牌知名度、培養卓越的經營管理能力、做出商品特色與市場競爭力、具備研發能力與配套的資金解決方案，以及有效的人力資源管理。
3. 連鎖加盟的創業評估，必須思考下列問題：由經濟的觀點來看，該創立什麼樣的企業？有多大的市場規模？產品如何銷售？開始的成本可否於長期的市場機會中回收？定價與利潤的相關性為何？經營模式是否容易讓投資者明白？投資者進入及退出的機制如何？
4. 降低創業加盟風險的十大步驟：

(1) 分析自己的個性及興趣所在。

(2) 挑選適合自己的行業。

(3) 蒐集該行業的相關資訊。

(4) 參加連鎖加盟總部舉辦的說明會，了解市場概況、經營型態及加盟方式。
(5) 選擇二至三家連鎖總部洽談，了解各加盟總部的實力與經營理念。
(6) 訪問現有的加盟店，了解實際的經營情況。
(7) 比較不同連鎖總部的優劣勢及加盟條件。
(8) 決定要加盟的總部，並簽訂草約。
(9) 選擇開店地點，進行商圈評估與分析。
(10) 簽訂正式的加盟合約，開店營業。

5. 加盟創業前後，都必須保持敏銳的市場敏感度，尤其是面對消費市場的詭異變動時。
6. 持續補強專業技能是應變的基礎功法。記住，消費者永遠喜新厭舊。
7. 嚴格的成本費用管理是創業的致勝關鍵，開源節流是永遠不變的真理。
8. 活化的經營策略是開源的重要手段，時時參與連鎖總部的經營會議，分享經營經驗、改善問題、思考對策。
9. 自我顛覆的創新思維可以保持事業發展的彈性，避免墨守成規、太過依賴總部，也別以為加盟後，一切都有總部幫忙。

張志誠

1. 對連鎖加盟總部的了解不夠，同時低估單店經營所需能力，是加盟失敗的兩大關鍵。
2. 加盟創業未必保證獲利高，即使是加盟熱門品牌，也需要自立自強。
3. 沒經驗的創業者，想要透過連鎖加盟降低失敗率，就必須先選對加盟總部。在簽約前務必多方比較不同總部的各項條件。
4. 加盟總部在簽約前，理應清楚告知加盟主會收取的所有費用，並提供各項企業營運資訊，這些都是加盟主能合理要求的權利。
5. 在簽約前找到其他正在經營中的加盟店主聊聊，是搜集資訊的好方法。
6. 商圈保障是對創業者最有保障的一道防線，須主動確認清楚。
7. 除了周全的加盟創業計畫，也必須隨時反省、調整問題。犯的錯越少，存活的機會越高。

第6爆

錯誤的店址選擇

- 選擇開店地點前，必須先利用資料收集與實地訪查，確定自己的行業屬性及業態，找出適合的商業圈及商勢圈。
- 務必嚴格控制合理的店租占比。

開店除了要事先確定產品定位，以及生產、人員與後勤管理、行銷策略與銷售技巧，地點的選擇也至關重要。而且前三項若出現失誤，都還能立即補救減少損失，然而開店地點若選錯了，損失的卻是包括房屋押金、租金、裝潢費用、部分因應房屋內部結構而訂購的設備等——這些一旦投入就無法收回的「沉沒成本」；且如果租約上有期限限制，還無法立刻更改，店址選擇的重要性可想而知。

回到小雪與小吳的故事。很少人像他們一樣有這麼好的創業條件——便宜的店面。不過他們在創業前，卻踩到了店面選址的地雷。也就是說，兩人並沒有深思熟慮店面和行業的關係，反而以生活便利做為選擇店址的首要考量。

這樣的店面選址決策方式肯定是錯誤的，他們在選址時完全沒有思考以下問題：

1. 店址適合想投入的產業經營嗎？
2. 店址屬於哪一類的商圈？
3. 附近的人潮流動方向適合想投入的產業經營嗎？
4. 附近是否已有競爭對手進駐？
5. 店面營收是否會被店租吃掉？
6. 店址是否做過市場調查？
7. 店址商圈所屬的潛在消費者，其消費行為是什麼？

小雪和小吳認為，店面開在大馬路邊，附近又有公車站牌、捷運站、夜市的加持，肯定集客力超強。小雪認為消費者在等公車前，經過店面順手買杯飲料是很正常的消費行為，因此距離公車站牌近肯定是個加分。然而，討論一個地方適不適合做生意之前，必須先研究消費者的消費行為。首先，小雪的店面位在進城（也就是往臺北市區）的方向，因此人潮的流動以早上七點到九點最多，這一大群往臺北市區移動的人潮，絕大多數都是要去上班的，對這些趕著上班的人來說，與其要他們拎著或拿著一杯飲料上車，一路晃到公司，我想他們寧可先搭車到公司，下車後再到附近茶飲店買飲料吧！

此外，**店址的選擇並不是往來人潮多就是好**，還是要視行業別而定。例如做3C通訊業務的和做餐飲業的，選擇地點的考量因素完全不同，即使是在餐飲業裡，中餐、西餐、快餐、簡餐、早餐、自助餐等不同業種，其選點也有不同的考量。

開店地點的選擇與營業內容及目標客層有直接關連，而針對開店地點做商圈調查，其目的就是希望透過有系統的調查，估算出未來開店後的每月營業額，也才能確定店租支付的上限。建議創業開店的準備事項可依其流程規畫如下：

1. 商店定位明確化
2. 商務收支結構數據化
3. 經營體質強化
4. 店務運作系統化

5. 開店地點選擇邏輯化

其中，第一、二點與開店地點的選擇有直接關係。也就是說，你要開什麼樣的店，周遭環境對這家店的消費態度是什麼，都需要思考。通常一家店依業種的不同，可分為「具特定購買意圖的店」及「無特定購買意圖的店」。像小雪夫妻開的外帶式茶飲店，就比較屬於「無特定購買意圖的店」，也就是說，百分之八十的消費者都不是非要喝某特定茶飲店的茶品不可，茶飲產業本身就是偏向無特定消費的業種，因此店面的地點選擇就很重要。

但是，例如前面提過的賣重機騎士裝備的店，設在哪裡就不見得那麼重要，因為重機騎士要購買的裝備都必須是專業、有品牌的產品，這些產品不是任何機車行都有賣的，因此騎士只要靠著網路搜尋或口耳打聽，知道哪裡有銷售相關產品的店家，就會主動前往；另外，有特定風格的服飾店也偏向「具特定購買意圖的店」，像是專賣潮T的店不僅吸引過路客，也會吸引對潮T特別有興趣的年輕消費族群特地前往。當然，即使是這種店，地點也並非全然不重要，重點是選擇店址時，必須將業種及消費模式一起列入考量。

人類的商業活動往往會依據消費者的背景與活動特性，產生不同的群聚效應，也因而產生一般人常說的商業區、辦公區、文教區、住宅區或夜市等「商圈」。所謂「商店定位明確化」就是要確定自己的行業屬性及業態〔注3〕，較適合在哪個地區經營。

至於「商務收支結構數據化」的意思，就是開店者要能透過各種測量或計數工具，估算出其有效人潮、每月的營業額及毛利是否足以負擔店面房租，這樣才能推估店面承租的最高上限，避免日後赤字倒閉的悲劇。

我的好朋友、王品集團的原燒、石二鍋創辦人曹原彰總經理曾說，很多創業者在選擇開店地點時，常會有迷思，認為只要在黃金商圈開店，一定怎麼開怎麼賺，像臺北西門町或臺中逢甲夜市的一些小吃店總是日進斗金一樣。但事實上，這種推測通常都忽略了，許多這種店主其實都擁有店面的產權。如果沒有產權，每坪店租可是高得嚇人！**想要在黃金商圈租店面，除非你銷售的是高單價高毛利產品，否則每個月光是店租就足以吃掉一大半的營收。**

王品集團在選地點時，其他事情都好商量，但租金一定要維持在預估月營業額的五％至六％，而且絕不能超過一〇％。他們不像許多知名品牌一般，會在臺北市東區、忠孝東路三、四段或信義商圈等一級商圈經營「廣告店」。這些開在一級商圈的分店或所謂的「旗艦店」，雖然因為高昂的店租而不見得每個月都獲利，但因為攸關品牌在消費者心中的形象，再貴也要承租，無論如何都要在象徵頂級奢華的黃金商圈經營下去。

而王品集團因為採利潤中心制，旗下各品牌的每家分店員工等同股東，當月如果獲利多，員工能分得的紅利或獎金也高，因此努力降低各項成本就變得非常重要。壓低房租的開支就等於增加收益。這也是為何王品集團旗下的連鎖餐廳反而較少進駐所謂的黃金商圈，即使進駐了，很多分店都選在二樓或地下室的原因。

店租是創業者最主要的固定成本之一，如果店租超過合理範圍，寧可不要租。不過，店租究竟應該占總營業額的百分之多少才算合理？還是要依當地商圈、人口數、消費層次、行業特性而有所差別。基本上，**最好以二〇％為上限，通常能夠壓在一〇％至一五％就算很理想了**。

找出適合的商業圈與商勢圈

一般不動產仲介業者常說的商圈分類，可大致分為百貨商圈、商業圈、捷運商圈、文教圈、住宅圈、住商混合圈、大學商圈、傳統市場（又分為早市或黃昏市場）、夜市（觀光市場）等，這些商圈都有各自的商業特徵。精確地說，**這是以商業活動的類別來區分不同的區塊，也是目前社會大眾所理解的「商圈」，又稱為「商業圈」**。

另一種商圈的定義，則是零售業的正式用語，稱之為「商勢圈」，**也就是吸納目標客群的特定區域範圍**。創業者在選擇開店地點時，除了要了解所在城市的大範圍「商業圈」，還要注意店面的「商勢圈」。例如，以一家咖啡店的所在位置為核心，由前來這家咖啡店消費的最遠距離所畫出的圓形或方形區域，即為這家咖啡店的「商勢圈」。

「商勢圈」又可細分為核心商圈、次級商圈及邊緣商圈。核心商圈離店面最近，是可吸納五〇％

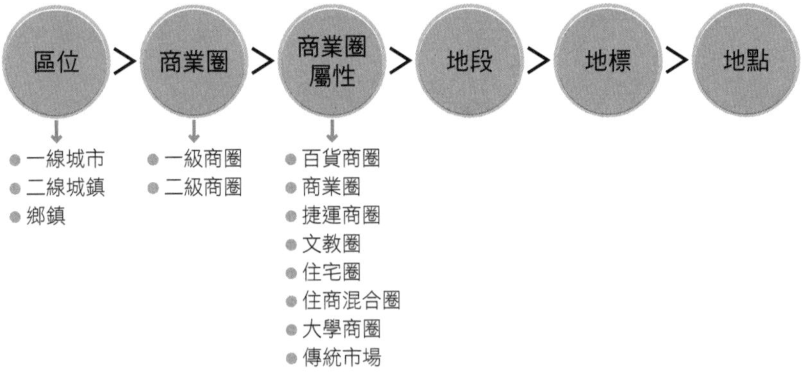

至八〇%顧客的範圍；次級商圈是可吸納一五%至二五%顧客的範圍；邊緣商圈則離店面最遠，是可吸納五%至一五%顧客的範圍。

考慮開店地點時，除了應事前了解自己的行業業態與商業圈屬性間的對應關係，還可依上圖順序逐步思考，擬出自己的選點戰略。

相較之下，傳統商業圈的定義最容易理解，創業者也比較容易判斷自己的店面適合在哪種商圈內經營，簡單地說，就是什麼地方賣什麼樣的產品。

例如，賣中式簡餐速食的餐廳，開在接近夜市商圈或大眾交通設施附近，就比開在辦公區來得適合（不是說辦公區就不能開喔），因為辦公區到了晚上就沒有人潮，等於只能做午餐的生意；而兼賣輕食的咖啡店，就適合開在辦公區或商業圈，因為這兩個商業圈的客層本身對咖啡就有一定的需求，兼賣的輕食還能在下班後吸引一些不急著回家，想要紓解緊張心情、順便和同事磕牙聊天的上班族。

至於是否一定要進駐一線城市，其實也是見仁見智。如果資金不是很充裕，也不見得一定要進駐臺北、高雄、臺中等一線都會區。以連鎖書店而言，像金石堂、誠品等大型連鎖書店都會選擇在都會區設點，但如果一開始就知道自己無法和大型書店比財力，那麼選擇二線城鎮的一級商圈也是一種明智的做法。

例如，在桃園縣大園地區設店的文聖書店，由於一開始就將經營定位設定為社區型書店，在市場區隔與商圈定位上自然可避免與一線城市的大型連鎖書店正面衝突，不僅更貼近開店之初所設定的潛在顧客，在店租上也更為節省。文聖書店現在的加盟店也都複製了創始店的經營模式，在桃園縣平鎮、八德、新北市林口區等二線城鎮的一級商圈設點。

一線城市的消費者有太多休閒活動可供選擇，店家可分配的消費金額也跟著被稀釋，但在二線城鎮的消費者，能選擇的休閒消費活動較少，因此有時在二級城鎮設點反而更容易吸引消費者目光。

各業種適合的商圈類型

很多創業者都想了解什麼樣的業種適合什麼樣的商圈，這其實很難一概而論，但我還是盡可能整理出多數創業者的經驗供大家參考：

◉**餐飲業：**在店面選擇上比較具彈性，無論是商業區、住商混合區、百貨公司、購物中心，甚至市場學校、捷運站附近等，都適合餐飲業開店。不過，還是要考慮餐飲類型，像排骨飯、魯肉飯等中式速食店，就比較適合開在接近夜市的商圈。

◉**服裝、飾品、可愛商品：**適合開在百貨公司、購物中心、學校、市場，吸引逛街的女性客層。

◉**育樂相關業種：**適合開在交通便捷處或學校附近。

◉**才藝補習班、安親班、租書店、DVD出租店：**文教區、住宅區或住商混合區。

◉**水電維修業、汽機車保養維修業：**適合開在住宅區或交通便捷地區。

◉**沒有一定要開在一樓的業種：**像診所、美容美髮院、補習班等，可避開一樓的高店租，選擇二、三樓，這樣大約可省下三分之一的店租成本。

要注意的是，**商業圈是活的**。例如臺北市三十年前的主要商業區是西門町，二十年前開始逐漸往東區移動，近幾年又開發出最高級的信義計畫區；高雄市的主要商業區也在都市計畫更新後移轉到苓雅、新興與前金區，這些當今的一級商圈地段店租都相當昂貴。

也因此，**創業者要選擇的不見得是目前正當紅的商業圈，而是未來五到十年會變成商業圈的地**

點，其中尤以都市計畫與公共交通規畫影響最鉅。創業者除了要學習如何選擇地點，平常還要多注意相關新聞及蒐集相關資料。

以臺北市為例，隨著鐵路地下化和捷運工程興建，市區發展重心開始從西門町和臺北車站朝東區移動。如此發展到一定程度後，過去算是邊陲地帶、位於臺北西邊的林口又因為高速公路、機場捷運、五楊快速道路等新交通建設開發，變成未來很重要的新城鎮。而臺北車站因為有捷運和高鐵經過，使得將來往返於林口新市鎮變得非常便捷，預計會再次帶動臺北車站商圈的活力。也因此，過去二十年以東區為重心的都市商業型態，未來將逐漸形成以東區和（以臺北車站為輻射中心的）西區為主的雙重心，臺北市的發展軸線如此又翻轉為東西向。

諸如此類的相關都市計畫介紹、交通建設、產業統計、營業類別統計、行政區人口統計、租售行情等資料，除了可上行政院主計處、經濟部商業司、經建會、交通部運輸所、都市計畫處、住宅都市發展局、縣市政府、各行政區土地行政單位等網站蒐集，也可詢問各工商協會單位。此外，民間的不動產仲介公司也是了解當地商業活動的管道之一。

實地訪查不可少

除了這些書面資料的蒐集，建議更進一步直接走上街頭實地訪查，並且在實地訪查前，先畫出一張可能設點地區的道路與巷弄平面圖，並且以不同的顏色記錄如下列的各種不同資訊：

1. **人口數與人潮流量**

人口與人潮流量的調查，包括「量」與「質」兩部分。

在量方面，要調查的項目包括地區人口數與地區人潮流量。當地的固定人口與流動人口相加，等於該地區的人口數。除了蒐集統計數字，建議創業者可在該區地圖上，逐一記錄預定店面周邊的辦公或住宅大樓有多少棟。住宅大樓可從門牌號碼推估整棟大樓大約有多少人，再利用晚上的點燈率來計算，扣除預估的空屋率，就能讓數字更精確。至於範圍，建議以預定店址為中心，約十至十五分鐘步程範圍即可。

至於地區人潮流量，最好能利用一週的時間，每天在現場計算。計算的時間可分成上午七點到八點、中午十二點到一點、下午五點到六點及晚上十點到十一點等時段，以預估店址為中心，朝前後左右四個象限來調查。

以人潮流量來說，最好十五分鐘內有五十人以上，才算合格。而且這五十人指的是「有效人潮」，也就是說，和創業者所設定的潛在客層不符的，都不能算數。因此在記錄時，也要注意人潮中有多少學生、上班族、家庭主婦或退休一族。

在質方面，要觀察的包括年齡及職業別等人口結構。例如，國宅式的集合住宅，居住的多半是處於空巢期（子女離家）的老人；一些新蓋的小坪數住宅大樓，則以年輕的單身貴族或頂克族（無子女的雙薪家庭）為主；而衛星城市的住宅大樓，則有很多在大都市工作、有一到兩個孩子的小家庭。這三種住宅區的人口結構完全不同，消費習慣更是南轅北轍，務必將其列入觀察。

此外，非假日與假日的人潮也必須計入。如果到週末假日就沒有人潮，創業者就要有心理準備，看自己是否能在開店之初、還沒有名氣時，承擔得了一星期只做五天生意所帶來的營業損失。別忘了，週六、日還是要付店租的啊！

2. 車潮流量與交通便利

車潮不一定代表錢潮。因為如果要比車潮，各城市快速道路的車潮最多，但這些車潮根本不會給沿途店家帶來生意。因此在車潮流量調查時，同樣也要依照計算人潮流量的時間與方式來記錄。以十五分鐘為一週期，每週期的車潮流量應該要有一百輛以上才夠，而且最好是雙向道。至於車流，要注意下班時的車潮流向，因為消費者在下班時比上班時更有心情逛街購物，如果一條道路有明顯的上下班車潮流向，選點時最好選下班車潮這一面。

考量交通便利性，則應包括大眾交通系統（公共汽車路線與站牌、捷運站）及停車場。在臺灣，停車是個大問題，因此公車路線多、靠近公車站牌、附近有捷運站出口的地方，都會是很好的地點。此外，周邊兩百至三百公尺處有公用停車場的地點，最好不過。

店面的理想位置最好和公車站牌同一側，或者在介於住宅區、辦公區與公車站牌、捷運站出口間的順向位置上。當然，也不是所有的店面選址都能依照這套原則，像小雪的茶飲店就顯然是個例外。所以建議想開店的創業者一定要多看、多聽、多想，考量店種與消費習慣的關係。

當然，有些行業不見得一定得設在大道上，例如像ＳＰＡ這種強調身心靈放鬆的產業，如果設在大馬路旁的幽靜巷弄裡也是不錯的選擇。離大馬路約三十公尺以上的巷弄，不但能取其交通便利，還可得鬧中取靜之優勢，顧客沿著巷弄走，不管是鳥語蟬鳴都能讓輕浮煩躁的心情慢慢沉澱。

馬路的陰、陽面

馬路人潮聚集的那一面，就是所謂的「陽面」，人潮較少的另一面則稱為「陰面」。站在科學的角度，「陽面」其實就是該地區的人在經過馬路時常走的那一面，這牽涉到周邊設施及該區居民每天外出、回家常走的路線。如果馬路的一面有住宅區，下班時自然會出現人潮。

如何才能看出馬路的陰陽面呢？通常，在出城與進城的必經道路上，會發現出城的那一面往往有較多的商業活動，因為有九成的業態都適合開在下班的路段，而下班路段通常就是出城路段，因此可判斷為陽面。消費者在這一面會藉著回家順路之便，進行採購或消費，因此其商業活動會明顯多於進城的另一面馬路（陰面）。

此外，也可以利用晚上觀察。只要比較馬路兩邊，哪一邊的商店招牌較多又綿密，整條馬路的一邊較另一邊光鮮明亮，這一面通常都是陽面。

3. 周邊設施調查

有時候，店面地點的周邊設施也會影響店面的經營，像是公家機關、學校、金融機構、醫院、戲院等，都有一定的人潮，足以帶動商機。醫院周邊的道路常聚集許多藥房、醫療器材或安養院，學校旁則是圖書文具、補習班、快餐冷飲店的集散地，這些都是特定設施所吸引的特定人潮。

當然，還是要注意自己的業態和這些特定設施的屬性是否相合。例如，夜市雖然是人潮的大吸鐵，但每個夜市的形成都有一定的背景與脈絡，且其屬性比較像打帶跑，消費者喜歡邊走邊吃。因此如果在臺北饒河觀光夜市旁開設咖啡館就不見得是好事，但若改成賣奶茶或三十五元咖啡，讓客人能邊走邊喝，營業效果就會很不錯。

4. 同業與異業調查

同業的存在代表了競爭，實地訪查時，可沿著商勢圈範圍內的馬路巷弄走一圈，在商勢圈平面圖上用不同顏色的筆記錄同業及異業店家。**同業是競爭對手，異業則是未來可能可以合作的對象**；記錄同業的店，可推估商勢圈內的飽和程度；記錄異業的店，可了解這些店與自己的互補程度，並規畫日後可否合作推案。

當然，一定要去調查競爭對手的產品價格，以作為日後的訂價參考。另外也可在附近的餐廳或小吃店用餐，看看消費客層和平均消費金額。**依照商勢圈的規畫原則，一個店面的客層，應該有七成要來自當地，外來客只能占三成**。尤其有些業種，例如餐飲業，是最敏感的業種。同樣一個排骨便當在不同的商業圈，其價格可能就不同，因此從用餐金額便可得知當地的物價水準及當地消費者對物價的敏感程度。

對商勢圈內競爭店的調查可分為下列幾點：

1. 競爭店的位置（考量是否該避免與競爭店靠太近）。
2. 競爭店的經營規模。
3. 競爭店產品的結構。
4. 競爭店顧客的購買傾向。
5. 競爭店產品的陳設。

6. 競爭店的營業狀況。

想要得知競爭店的營業狀況，可以在早上開店時進去買一次產品，晚上打烊前再買一次，從統一發票的號碼即可推估該店一天的顧客量。或者也可在收銀台附近觀察顧客的平均消費金額。

多看、多聽、多問

開店選點有很多學問，許多創業者往往抱著過於樂觀的態度找點，但我建議寧可謹慎保守些，不要看到有店面頂讓就急著下訂，必須注意當地的店面換手率高不高。如果換手率過高，就得小心這樣的店面是不是有問題，有可能該地區並不容易經營。

另外，**交通建設對商業經營通常是件好事，但如果預定店址附近有重大的交通建設工程要啟動，創業者應立即問清楚，究竟這個交通建設要花多少時間**。因為這些建設啟動後，交通動線的改道、圍籬、灰塵等都會影響經過當地的消費者，雖然建設完成後可帶動當地的商業發展，但如果工時過長，很可能開店者未蒙其利，先受其害。

還有個常見的迷思是，因為捷運站附近已經成為開店的熱門地段，然而，真的只要在捷運出口附近就保證賺錢嗎？其實很難說。**重點是捷運站出口的人潮動線與目的**。例如，位於市郊捷運站出口的早餐店，生意絕對沒有市區捷運站出口的早餐店好，因為很少人會在進捷運站前就買好早餐，等到了目的地站時早餐早已涼掉了；反之，市區捷運站出口的早餐店總是生意興隆。

另外，捷運站出口與附近社區的地理位置，以及下班人潮出站後的流動方向也需要仔細觀察。有時候，夾在兩個捷運出口之間的店面，因為人潮都往出口兩側移動，使得中間這段反而沒有出現預計的人潮。因此，唯有透過長時間的實地觀察，才能避免這種美麗的錯誤。

選點的「老二哲學」

如果沒有足夠的預算做出很科學的選點計畫，有一種方法可做為參考，那就是「老二哲學」。老二哲學的意思是，市場上總有許多帶頭的老大，例如速食業的麥當勞、咖啡店產業的星巴克等，這些老大在選點時都會透過非常科學的方法與精確的數據，從眾多候選地點中選出理想地點，因此依附在這些帶頭老大附近，通常不太會有人潮流量的問題。

例如，在星巴克咖啡附近，經常能看到另一家連鎖咖啡店進駐，顯然他們能因此省下一筆可觀的市場調查研究費，這便是將老二哲學運用得淋漓盡致。

整體來說，選擇店面地址有幾點建議：

◉集市是選點時的好選擇，但最好選擇具有異業互補效應的地方集市，而非同業互相競爭的集市，才不會淪入價格競賽的死胡同。

◉經營商店等於經營品牌，品牌經營需要時間，因此嚴格控制店租成本，是決定是否有足夠的周轉金撐下去的關鍵。

◉住商混合區是很適合開店的地段，因為週一到週五的白天會有上班族消費人口，晚上則有住宅人口消費，到了週末假日還有逛街人潮，比純辦公區或純住宅區多了人潮考量的彈性。

◉大馬路邊的店面不僅是兵家必爭之地，而且店租肯定高。如果可能的話，可選擇緊鄰幹道的巷弄裡的第一家店面。一般來說，巷弄的店租會比大馬路旁的店租每坪約少一、兩千元。

注3：不同於「業種」是以經營的商品種類來區分，例如服裝、藥品、食品、家具、家電、運動器材、交通工具等；「業態」則是以經營型態來區分，例如超市、便利商店、專賣店、百貨公司、量販店、購物中心等。

創業避雷指引

臺灣大食代餐飲有限公司協理　鄭聰仁

1. 創業者在選擇店址前，應該先對打算經營的業種、業態進行分析，尋找適合新事業經營特性的商圈，或者和新事業具有互補特性的商圈。
2. 如果對商圈屬性沒概念，錯估人潮的消費力，會使設定的目標客層失焦，結果不是消費者覺得產品質感太低，就是消費者買不起產品。因此在選定店址前，得先實地研究商圈的屬性。
3. 確定商圈特性後，要調查店址所在地的人潮流動方向，看看是否適合想投入的產業經營。
4. 創業前應調查候選店址附近競爭對手的家數、規模、產品特性、平均消費人數及金額等，評估市場飽和狀態。
5. 創業者應分析店租與營收占比是否合理，建立展店前的成本分析商業模式，才能避免每月所賺到的利潤全繳給房東，淪為幫房東賺錢的打工仔。
6. 進行商圈調查時，可從選址地點的相關店家（如超市、便利商店等）所做的市場調查來了解該商圈的消費人口特性。多看、多聽、多打聽，多了解當地商圈，才能避免進入錯誤市場。

張志誠

1. 店址的選擇應視行業而定，而非人潮越多越好。
2. 開店前應確認自己的業種是「具特定購買意圖的店」或「無特定購買意圖的店」，並找出適合自己的商業圈及商勢圈。
3. 商業圈是活的，未來五到十年會變成商業圈的地點，也能成為良好的店址選項。
4. 在黃金商圈開店若沒有產權也非經營高單價高毛利產品，光是房租就可能吃掉大半營收。
5. 合理的店租應嚴格控制在總營業額的一〇%至一五%，並以二〇%為上限。
6. 若實力尚無法進駐一線城市，選擇二線城鎮的一級商圈也是明智的做法。
7. 創業者應實地調查候選店址附近的人口數與人潮流量，並觀察年齡及職業別等人口結構。
8. 候選店址附近的車潮，最好每十五分鐘達到一百輛。但必須是「有效車潮」才行。
9. 候選店址附近的同業是競爭對手，異業則是未來可能合作的對象，皆需實地訪查記錄。
10. 店面換手率、附近的交通建設皆為設店的重要參考指標。
11. 捷運站出口的人潮動線與人潮流量一樣重要。

第 7 爆

小心領導者的危險私心

- 創業團隊的成敗在於核心領導人的素質，以及團隊解決內部衝突的方式。
- 團隊的成敗在於「人」，即使是好同事、好朋友，未必就能成為好的創業夥伴。

搭上網路創業熱潮

接下來我要說的也是個真實的故事，主人翁姑且隱其名，就叫他俊傑吧！

一九九九年雙十國慶後的某一天下午，俊傑接到他進入職場後第一份工作的主管來電。這位主管解釋，他的大學同學目前是某上市傳統產業A集團的董事長特助，想要找一些人加入該企業的新創事業。

當時正是網路產業最火紅的時代，網路時代的開始就跟汽車、飛機剛發明時一樣，所有人都在嘗試網路的無限可能性。到了一九九〇年代末期，寬頻網路逐漸普及，只要有可能移轉到網路上進行的，不管是食、衣、住、行、育、樂，統統被搬到網路上嘗試。

游離的資金開始投入這塊新興市場，A集團的經營項目中也出現各種轉投資，包括在大陸投資世貿商城。那整個世貿商城的面積比起臺北世貿展覽館還大，還有一棟高達三十五層的辦公大樓，可說是A集團的轉投資藍圖中非常重要的一步。由於正值網路熱潮，這個世貿商城的發展計畫肯定也不能漏掉網路平台的建制，但他們翻遍整個集團也找不到具網路背景的人才，因此才會由負責籌劃新創事業的董事長特助來尋找外部人才投入。

接到電話時，俊傑也滿訝異的，後來便去拜訪董事長特助，交換對網路發展的看法，最後順利進入這家新創事業部，準備實現網路創業的夢想。

我在權利核心之外？

由於是新創事業部，所以其中的所有人都是從外面招募而來。顯而易見，這是一個「英雄來自四面八方」的集合體，成員背景包括高科技、軟體、媒體、企管顧問等。俊傑直到答應加入專案後，才第一次見到這個新創事業部的專案領導人義方，他是美國企管諮詢公司臺灣分公司（簡稱C公司）的顧問。因為A集團將IT相關的提升計畫交給C公司負責，義方便是C公司派來的人員，集團高層自然跟他接觸較多，後來便問他是否有興趣加入新團隊。由於他有負責執行專案的經驗，最後便由他來負責整個新創事業。

面對這樣的機運，義方也是滿懷雄心壯志，希望人生從此會有不一樣的轉折。因為這個新創事業如果能成功，迎接他的將是名利雙收的人生，而且這次創業也不需要出錢，A集團還給他這麼大的空間讓自己揮灑，還有什麼比這種創業更吸引人的呢？

當然，一個人撐不起一個新事業，義方也知道這點。於是他找了跳槽到別家國際諮詢公司的詮恩來幫忙，他們曾一起做過專案，義方認為詮恩的專案能力強，一起合作應該頗具勝算。接著又私下拉了剛從美國留學歸來沒幾年的采鈺一起跳槽，就這樣組成了由自己主導的新創事業核心團隊。至於其他由特助招募進來的團隊成員，雖然不在他的考量範圍內，但畢竟還是需要有人來幫忙做事，這些成員就等進來後再慢慢安排職位。

從頭到尾，俊傑只知道自己已成為一家傳產集團新創事業的一員，至於自己和其他人其實都是圈外人這一點，他卻是完全不知情。

經營方針究竟是什麼？

二〇〇〇年一月，新事業正式起跑。第一天，董事長親自接見所有團隊成員，說明這個新事業的經營目標——把對岸的世貿商城打造成大陸數一數二、虛實整合的國際貿易交易平台。董事長希望以兩年的時間實現這個目標，也期許所有成員能成為國際級的經營人才。

為了讓團隊的主要成員能對新事業的目標有更明確的了解，集團送他們到大陸的世貿商城深入考察。俊傑、義方、特助和其他同事共花了一週的時間，觀察了整個世貿商城的軟硬體及現有經營情況，並與經營世貿商城的陸籍幹部會面，做初步的磨合。

回到臺灣集團總部後，義方摩拳擦掌，開始新事業計畫。第一次會議確定了網路平台的方向，義方說，新事業將建立一個「以網路為架構，提供各種商品交易的市集（暫且稱其為Marketplace.com）」，在眾人的鼓掌聲中，所有人開始按部門分工投入工作。

時間過得很快，一下子就過了三個月。新事業各部門都依計畫進行，但俊傑卻在工作之餘，開始對整個計畫產生一些疑問。有一天，忙完一整天的工作後，走出公司的俊傑看著外頭的夜空，不禁想起當時董事長在對新創事業部同仁說話時，提到「這將是個虛實整合的國際貿易平台」。既然重點是「虛實整合」，表示位在大陸的那個實體世貿商城也應該是重要營運項目。但三個月過去了，小組似乎一直都在全心投入網路平台建制，只有俊傑對「虛實整合」這件事非常在乎。因為全盤的虛擬平台與虛實整合在網站架構方面的規畫將迥然不同，俊傑決定問義方，計畫的方向是否變動了？

隔天，俊傑敲了敲義方辦公室的門，這是在集團大樓某層，有著對外窗戶的獨間辦公室，從辦公室政治學的角度來看，可看出集團董事長確實很在乎這個新創事業專案。

俊傑向義方說明他對專案進行方向的疑慮：「我們現在全心投入網路平台建置，不過董事長不是說我們要做一個虛實整合的國際貿易交易平台嗎？」

「我已經和董事長報告過了，董事長說，我們只要全心投入網路交易平台，至於實體世貿商城的經營就由大陸當地幹部負責即可。」義方說。

有了義方這句話，俊傑想，那就按照目前已經調整成純網路交易平台的方向進行吧！

理論上，由於大陸的世貿商城是以商務貿易為主，因此網路貿易平台也應該配合實體世貿商城的營運模式。在當時，B2B、B2C〔注4〕這類電子商務概念剛剛成型，網路業者都在嘗試摸索這個新興市場的營運方式，俊傑他們也同樣在了解、嘗試平台的經營方式。

除了臺灣，大陸也有一個在一九九九年成立的網路交易平台，也就是由杭州人馬雲成立的「阿里巴巴（Alibaba.com）」。阿里巴巴只比俊傑他們的平台早不到一年啟動，但比起資源雄厚的Marketplace.com，阿里巴巴一開始只籌到新臺幣兩百萬的創業資金，且都是由馬雲找來一起投入創業的十七位老同事，每個人分別從自己的戶頭裡擠出來的集合資金。

Marketplace.com因此可說是和阿里巴巴一起在B2B電子商務競賽場上同台競技，只是Marketplace.com的團隊，特別是領導團隊，並不把阿里巴巴放在眼裡。

Marketplace.com的團隊幾乎都有留美的背景，這一點似乎是團隊優勢，因為阿里巴巴的團隊成員都不是「海歸派」，學歷更是普通，即使義方知道對岸有個「阿里巴巴」，他也完全沒把對方放在眼裡，甚至取笑他們的名字：「阿里巴巴？聽起來就像賣童話故事書的！」事實上，光是取名字，Marketplace.com團隊就耗掉至少一個月的時間，而且在義方和詮恩的主導下，平台名稱還偏向英文組合字，也就是偏向歐美企業採用的命名方式。比起來，從臺灣人的角度來看，阿里巴巴明顯土多了，義方對此感到好笑。

隨著時間過去，Marketplace.com 平台逐漸成型，但經營方向又出現岔路。在每週工作進度會議上，俊傑發現，究竟這個團隊是要做個海納百川的電子商務平台，還是要做專門提供某特定產業的交易平台？他們對這兩個影響新事業發展至鉅的方向，又出現歧異。

過去五個月來，義方一直告訴團隊，新事業已經向董事長報告過，至於平台的產業經營方向，會由跨產業的電子交易平台，轉向成經營高科技零組件的電子交易平台。這樣的大幅轉變，義方並沒有向團隊成員解釋太多，依舊只強調已經取得董事長同意。

二〇〇〇年初，董事長接見新創事業團隊成員的那一次，可說是半年來董事長和團隊成員唯一的一次見面。團隊進駐後，所有和集團高層的報告、會商，都由義方和詮恩兩人前往，事後再於每週的工作會議中傳達上層指令。基本上，所有的團隊成員都相信他們所傳達的平台經營方向，也相信他們帶領大家走的方向是對的。

殊不知，二〇〇〇年的中秋節後，事情卻出現嚴重危機。

團隊的所有成員都接到「準備向董事長報告 Marketplace.com 籌備進度」的通知。各小組組長於是在接下來的幾週忙著將現有工作進度整理成簡報檔交給義方，以便他做統合。

進度報告的日子很快就到了，當天所有人帶著筆記本來到公司頂樓的會議室面見董事長。義方在報告前忙著做最後潤飾，所有人都靜靜地等待，也期待這會是一場順利的簡報。不久，董事長走進會議室，特助也跟著一同進入。

義方開始這一場影響他職涯發展的簡報，順著簡報，他開始敘述 Marketplace.com 的定位、營運、行銷、招商等細節與進度，沒想到進行不到一半，董事長便打斷他的簡報：「義方，我記得當初我們談的方向應該是『虛實整合』的電子商務平台，為何我聽到現在，都沒聽到任何跟大陸世貿商城相關的簡報內容？俊傑，今年年初我說的是這樣嗎？」董事長轉頭問俊傑。

不僅義方無法回答董事長的問題，所有在場的團隊成員，包括俊傑在內都驚訝得啞口無言，被董事長點名的俊傑心裡的震驚更是難以言喻。面對董事長點名，不僅讓俊傑只能搖頭，更糟的是，整個計畫因為方向錯誤，已經延誤了半年的寶貴時間。

簡報草草結束，董事長重申今年年初他對 Marketplace.com 的期許，然後在眾人的沉默中離開會議室。所有的團隊成員接著收拾設備回到辦公室，不久後，義方召集大家開會，重新擬定新的營運方向。

潰散的團隊

從這時候開始，俊傑再度對新創事業的方向產生懷疑，這樣的懷疑來自於對專案領導者的不信賴。這半年來，義方雖然是名義上的專案領導者，但實際上影響新事業走向的卻是詮恩。詮恩有理工科系背景和美國大學碩士頭銜，加上曾在跨國企管諮詢公司工作，使他自認為是團隊的中流砥柱，常對著其他成員說出「管理不只是向下管理，還要懂得向上管理」這樣的話。身為新創事業部的第二把手，顯然他不只想做個副手，在一個蘿蔔一個坑的情況下，詮恩其實不可能占到專案領導者這個位子，但如果將義方趕走或除掉，他也沒把握尚未和董事長深交的自己能成為接手的人選。與其將義方取而代之，倒不如運用自己的影響力，將Marketplace.com變成自己的創業代表作——這是詮恩打的如意算盤。

可惜的是，事後看來，詮恩依舊陷入創業者常見的「菁英情結」地雷。他認為自己對電子商務發展趨勢有獨到的見解，也認為會在高科技產業電子商務平台交易的買賣雙方雖然絕不會比B2C多，但這些企業的影響力及日後投入廣告預算的金額與意願，肯定比一般大眾或中小型企業來得高。與其做一萬筆小生意，倒不如做一百筆大生意。他利用各種機會不斷灌輸義方這樣的理論，使得義方在不久之後的工作會議中，再次扭轉了所有成員的質疑，繼續朝他和詮恩擬定的方向，也就是「高科技產業交易平台」進行。

不久，新創事業部漸漸被區分成兩個小團體，一個是義方、詮恩和采鈺，以及幾個同樣從那家跨國企管諮詢公司被拉進來的同仁小圈圈；另一則是以俊傑和其他由特助或正常管道招募進來的同仁所組成。各種資訊的獲取開始依親疏而有所差別，俊傑和其他相近的同事往往都較晚得知許多工作方向的資訊，他們也常討論現在進行的方向到底是不是董事長要的。

有同事提議直接寫信給董事長，但馬上有人反對，認為這樣等於越級上報，且萬一信件被董事長祕書擋下來，祕書又跟義方挺熟，到最後也許董事長根本不會知道其他成員的疑慮、新創事業部繼續朝錯誤方向進行，義方還會得知俊傑這群人瞞著他打小報告。於是，寫信給董事長的提議最後也不了了之。

有一晚，俊傑在辦公室加班到晚上九點，疲倦地想到茶水間泡杯咖啡繼續奮戰，當他經過義方的辦公室，隱約聽到沒關門的義方正在電話上和朋友聊到他在這家傳產集團的新事業。義方告訴朋友，在這裡不僅薪水比以前在企業諮詢公司要高出將近一倍，還有獨立的辦公室。接著開始談到新創事業部的 Marketplace.com 的定位。他解釋自己要團隊成員朝電子商務發展、並且朝高科技產業交易平台前進的原因：「我可不想跟以前的同事聚會時，告訴他們我是在賣玩具的！」

俊傑聽到這裡宛如晴天霹靂，原來整個團隊努力的產業方向不過是因為義方和詮恩不想做一家賣各種傳產商品的電子商務平台，只因為他們認為這樣會成為過去同行的笑柄——「義方和詮恩跑去賣玩具了！」俊傑回想起向董事長簡報過後的那幾個月，俊傑這組非核心的同仁團隊耗費相當多的精力在穩固自己的推論，建議世貿商城的虛擬 Marketplace.com 應該調整成以大陸千禧年後的主力出口——傳統產業為主，但每次簡報都被義方和詮恩打槍。俊傑一直不知道他們被否定的原因，直到當晚，他才知道整個新創事業的發展一直是以專案領導者的面子為主導。

隔天一早，俊傑急忙找了幾位非核心同事，告訴他們昨晚聽到的事，大家除了訝異，也對新創事業的發展有了更大的危機感。他們決定派俊傑和另一位同事去找集團中另一位能「直達天聽」的副總談，讓副總了解新創事業的岌岌可危。

沒想到，當俊傑和同事一同拜會副總時，義方剛好從他們見面的會議室外經過。等他們回到辦公室，義方便看似輕鬆的問他為什麼去找副總。心知義方一定想知道他們在搞什麼，俊傑早就準備了一套說詞。姑且不管義方是否相信，重點是他聽完後卻說：「以後這些事都由我出面接洽就好，你不需要去了，畢竟我才是整個專案的負責人。」

這番話讓俊傑的心都涼了半截。連一些不算大的事，身為專案領導人的義方也不希望他們對外接觸，這究竟是什麼心態？俊傑知道，他們這些非核心的成員已經被義方邊緣化了。

一年很快就過去了，Marketplace.com 還是依照義方和詮恩主導的方向進行。這段時間，所有團隊成員沒有一個人跟董事長見過面、說過話，所有和上級的溝通全都由義方負責。隨著一天天過去，詮恩在內部會議中越來越具主導權，整個新創事業可說是由詮恩掌控，義方的專案領導者地位早已名存實亡。其實他也知道，整個專案已經脫離原本集團的規畫太遠，但在詮恩的主導下，他已經逐漸被牽著鼻子走。至於詮恩，他想創立一個高科技產業交易平台的夢想，早已掩蓋了因應大陸出口市場該有的產業與市場規畫。

注定失敗

學歷再高、經驗再豐富，一旦創業者被自己的私欲蒙蔽，再多的資源也無法挽回頹敗的命運。在最後的三個月，義方常常好幾天沒進辦公室，俊傑和其他人都不知道他跑去哪裡，後來才知道他是飛去大陸，與在當地出差的董事長見面，為自己在集團的後續鋪路。

最後，這個由集團出資、一群各領域專業人士所組成的創業團隊，在專案計畫滿兩年的前夕解散。網路泡沫的速度加快了，集團決定快刀斬亂麻，收掉這個燒錢的爛攤子。剩下來留在集團內的新創事業團隊成員屈指可數，但沒包括俊傑。二〇〇二年除夕前幾天，拿著紙箱，俊傑走出集團大樓，回頭望著過去兩年幾乎沒日沒夜忙碌的地方。他沒有太多怨嘆，事後回想，這個團隊就在一個存有私心的領導人和因野心而失去理性的副手主導下，一步步走向潰散，失敗是遲早的。

二十一世紀的網路泡沫，是在二〇〇〇年暮春開始的。當所有的網路業者還沉浸在熱錢橫流的歡樂氣氛中，卻不知整個網路開始像溫水煮青蛙般，逐步淘汰這些拚命燒錢的業者。

反觀中國的B2B電子商務平台阿里巴巴，創辦人馬雲非常清楚自己要做的，就是一個讓國內中小企業得以將產品賣出中國的網路平台。

早在一九九七年，馬雲就知道北京當局是一定要加入世界貿易組織（WTO）的，因為中國的領導階層知道，中國要富強，就必須完成工業化。但當時的中國內需市場無法消化自己生產的產品，唯一的辦法就是讓「中國製」的產品能供應全世界，加入WTO也就勢在必行。因此，位在中小企業雲集的杭州，馬雲的阿里巴巴不但要提供一個讓國內中小企業商品外銷的平台，還提供各種幫助中小企業外銷商品的服務。

在這一波網路泡沫中，無數的團隊都失敗了。然而，阿里巴巴不僅在網路泡沫的寒冬來臨前得到包括高盛、軟體銀行所挹注的龐大資金，得以在全球網路業者奄奄一息時揮軍世界，也因此能在日後創立了當今中國最大的網拍平台——淘寶網。

這個創業故事早在二〇〇二年便結束了，整個創業團隊的成員各分東西，俊傑輾轉聽說義方又回鍋C公司，繼續擔任專案管理師。即使俊傑和其他非核心的同事日後還是偶有聯繫，但聚會時大家總是心照不宣，絕口不提那兩年的點點滴滴。畢竟對他們來說，那一次的創業夢並不是很好的回憶，對俊傑來說，只希望能從那一次的失敗中獲取寶貴的經驗。

從以上的創業故事，你看到這個團隊踩到哪些創業地雷？

地雷 1：領導者的創業態度

1. 領導者抱持一己之私。
2. 領導者欺上瞞下，阻礙重要資訊溝通。
3. 領導者阻礙部屬向外尋求資源，擔心影響自身地位。

地雷 2：創業計畫

1. 未能釐清創業專案的核心目標。
2. 領導者將個人好惡、形象置於創業目標之上。

地雷 3：人力資源

1. 創業團隊由不同人馬組成，對創業的企圖心不同。

地雷 4：市場分析

1. 未分析產業生態，也未做市場調查。
2. 只投入自認為非常了解（但其實並不了解）的產業市場。

地雷 5：經營管理

1. 領導者拉幫結派。
2. 團隊對競爭對手的崛起沒有因應對策。
3. 領導者沒有考慮出資者對創業計畫的發展期限。
4. 領導者未設想當創業計畫未達目標時，出資者會有的對策。

地雷 6：財務規畫

1. 所投入的人力成本過於龐大。
2. 對創業的財務規畫過於樂觀。

這個真實故事和第一章小雪和小吳的故事，看來是兩個截然不同的創業模式。一個是最常見的微型創業，另一個則是上班族也有機會遇到的內部創業，兩者有完全不同的特性，風險也不盡相同，但一旦成功，都能讓創業者達到財務自由。

不過，我們也可以看出，雖然一開始不見得有太高的財務壓力，但對企業內部的創業來說，源自出資者的壓力遠非微型創業者可比；且自行出資的微型創業，其停損點來自創業者本身對財務的負擔能力，然而企業內部創業的停損則操縱在出資者手上。當然，如果微型創業者的資金來自於創投公司〔注5〕——這一點在網路創業最常見——自然也可能承受來自創投公司的壓力。

然而歸根究柢，創業團隊核心領導人的素質還是成敗的關鍵，再也沒有比領導人的氣度、視野、高度、性格更重要的因素了。不管你是自己創業，還是有人找你加入創業團隊，都要深思，自己（或創業團隊領導人）是否會踩到以上地雷？有沒有改善的可能？若踩到的地雷越多，領導者自我調整的能力（或意願）越低，可以肯定這樣的創業失敗機率也越高，你還要留下來嗎？

對每位創業者來說，創業成敗的核心永遠在「人」，而不在「事」。不管自己是主導者或團隊成員之一，若能找到志同道合且能坦承溝通的合作夥伴，將是最理想的狀況，可惜這種情況常常只在電視劇中看得到。我們看過許多一開始都認為是志同道合的好友，到最後還是免不了拆夥收場，主要原因就在於身為同事、好友，與身為創業夥伴之間還是有一段距離。

其中最常發生的情況是，過去原本是同一層級的同事，現在為了讓新事業能夠運作，勢必得分出階級，這時最常發生的情況就是誰也不服誰，或是遇到重大決策時，所有人都各有立場、互不相讓，自己意見不被採納的人便等著看笑話。

其實，人的問題是創業過程中最難處理、也最難只憑制度解決的，團隊與經營的問題，最終只能靠「事前開誠布公」、「權責分工明確」來盡量避免。

尤其，在新事業啟動前，所有團隊成員務必將股份、職權、責任、義務，甚至退出的情況和條件都說清楚，新事業啟動後，彼此才能清楚每位成員的職權與責任。如此才有可能在新事業走偏前，及早將方向扭轉回正軌。

在中華文化薰陶下，大多數人都嘗試避免正面衝突，也將「當面把事情談清楚」誤認為「正面衝突」，因而許多人在創業團隊中遇到有人與自己意見相左時，多半採取逃避態度，希望事緩則圓，或選擇忍讓，然後以「吃虧就是占便宜」來自我解釋。

其實，無論是逃避或忍讓，都不見得是創業團隊在面對各種計畫或決策時唯一能採取的方式。如果說「意見不和＝衝突」，則其處理方法可分成「合作」、「逃避」、「妥協」與「忍讓」，以及最後迫不得已的「抗爭」，這些面對衝突的不同處理方式可大致歸納如下：

◉合作↓皆大歡喜的雙贏策略

◉逃避↓鴕鳥心態的雙輸策略

◉妥協→彼此交換互有輸贏策略

◉忍讓→委曲求全的我輸你贏策略

◉抗爭→全面開戰的我贏你輸策略

雖說各種衝突對應策略都有其適用的情境，但我認為，除非對新創事業的存活有立即而明顯的影響、需要迅速做出決定，而且確定自己是對的，才需要採取抗爭手段，其他無論是合作、妥協、忍讓，甚至逃避，都可視情況交互運用。

此外，不管面對重大決策或日常業務，切記不要將不舒服悶在心裡，也要避免使用情緒化的言語、避免在生氣時溝通，同時不要用攻擊、抱怨、責備、批評、說教的言語或態度來溝通。

注4：Ｂ２Ｂ（business-to-business）指企業間的電子商務交易，Ｂ２Ｃ（business-to-consumer）則指企業對顧客的銷售方式。

注5：創投公司是專業的投資公司，又稱為風險投資（Venture Capital）。他們挑選具發展潛力的初創公司，以投資股權的方式提供創業者資金。但創投公司並不做長期投資，而是提供資金及專業知識與經驗，協助被投資的初創公司獲取更大的利潤，並從中得到高額的投資回報。

—創業避雷指引—

臺灣大食代餐飲有限公司協理　鄭聰仁

1. 創業者或創業團隊的主導者若抱著一己之私，自然不會誠心對待團隊夥伴，也不會善待員工。
2. 創業者如果只喜歡報喜不報憂，會阻礙重要的資訊溝通，讓團隊夥伴完全不知道新事業發展的真實情況，容易造成新創事業面對危機時的應變失焦。
3. 有些創業者會把新事業視為禁臠，自認是唯一代言人，阻礙團隊夥伴或員工向外尋求資源，擔心影響自身地位。這種創業者很容易走向獨霸，團隊必須及早修正。
4. 創業者若有志創業卻優柔寡斷，即使對事情分析透徹，但所有利弊得失都想遍了，反而無法下決斷，造成計畫朝令夕改，決策反覆，令所有人無所適從，不斷走冤枉路。如果領導者是這樣的個性，可採用共識決，避免計畫延宕。
5. 創業者喜歡結黨營私、愛搞小團隊，會使團隊分崩離析，各個小團隊為了鞏固自己的利益，又會互相攻擊對立，阻礙計畫執行。遇到這樣的領導者，如果無法改變他，就只能趁早離開，避免耗費心力在一個沒有希望成功的計畫。

6. 創業者或團隊主導者有時會因信心不足而質疑專案目標，變得裹足不前、缺乏執行的決心意志。此時可透過團隊討論，一起檢視計畫是否還有缺失，如果都不是攸關成敗的嚴重問題，大可放手一搏。

7. 創業者面對同業競爭時若沒有因應對策，會陷入紅海廝殺局面。必須在計畫期就提早找出可能的威脅，如果已經進入執行階段，團隊成員應主動要求領導者召開會議，找出對應策略，而不是自己悶著想不出辦法。

8. 創業者應設想計畫未達設定目標時的退場機制，若越陷越深，甚至借錢投入資金，反而容易陷入惡性循環。創業不僅要敢衝，一旦發現時機不對、產品不對、市場不對，還要有壯士斷腕的勇氣才行。

張志誠

1. 企業內部的創業，源自出資者的壓力遠非微型創業可比，且其創業停損點操縱在出資者手上。
2. 創業團隊的核心領導人素質是成敗的關鍵。
3. 團隊的經營必須靠事前的開誠布公及明確的權責分工來避免衝突。
4. 面對團隊內部的衝突，應視情況採取合作、逃避、妥協或忍讓等方式處理，非不得已時，才採取抗爭手段。

第8爆

網路創業門檻低，一定賺？

- 即使是低成本的網路創業，也必須具備做生意的特質與經驗。
- 創業者必須對網路客群有一定了解，並具備只許成功不許失敗的決心，同時銘記挑選網購平台的七大重點。

很多創業者以為看起來越簡單的創業項目，執行起來越簡單，聽起來有道理喔！想想看，蓋一個半導體廠多難，資金、技術、人員的門檻多高，就算是高科技新貴，也沒幾個人敢說要蓋高科技工廠；反觀開一家早餐店，或是開網路商店多容易，早餐店只要找到加盟總部，花幾星期的時間到店實習、選個店址，馬上就能營業了；網路商店也只是「一塊蛋糕」（a piece of cake），現在報導不是都說網路創業很夯？你看看「東京著衣」從臺灣紅到大陸，現在還開起實體店面，錢越賺越多，兩位創辦人在創業時甚至都只是二十多歲剛畢業的大學生！

還有另一家花蓮的糕點小工廠，只靠一款單純無比的提拉米蘇蛋糕，就在網路上熱銷十年，還在臺北市承德路開了第一家實體店面，「所以你能說網路開店很難嗎？」朋友這樣跟我辯論，「只要找到一個好商品，找到流量高的平台，就能網路創業！」朋友雄心勃勃地下了這個結論。

前面說過，進入門檻越低的行業，表示經營門檻越高。原因很簡單，進入門檻低，當然很多人跳進去創業，姑且不論是否每個跳進去的都是藝高人膽大的高手，一大堆人跳進去打混戰，有時即使是武林高手也會被莊稼漢一刀戳死。更別提，越多人投入創業的行業越有可能是個紅海市場，即使不見得無法存活，肯定也經營得很辛苦。

接下來再讓我來說個真實的網路創業故事。

安潔是我在電視臺工作時的同事。她能力強，不管是跑新聞或是報導，都是一把好手，她採訪過的政府官員或企業主管，幾乎很少對她有負面評價。她面對受訪對象時開朗健談，回到辦公室後卻沉默寡言，大概覺得臺灣電子媒體的生態就是踩著別人往上爬，也不想跟許多女記者一樣每天想著釣金龜婿。總之，在電視臺工作將近七年後，她決定離開這個讓她耗盡心力的職場。

離開電視臺後，她到處尋找各種可能的創業機會，當時是二〇〇四年下半年，整個臺灣還處於網路泡沫後的低靡時期。雖然她曾報導過不少網路公司倒閉、資遣員工的新聞，但也同時在網路起飛的階段，採訪過許多網路創業成功的少年英雄。從這些受訪者身上，她自認學到不少關於網路創業——或者說是網路開店——的成功要素，因此最後還是決定要走這條路，畢竟網路創業的成本比開一家實體店來得低很多。

選定產品，樂觀預測前景

安潔開始尋找自己的創業產品。對一個女孩子來說，服飾、鞋類、保養化妝品、包包、內衣等都是必買的商品，俗話說「女人的衣櫥裡永遠少一件衣服」，看來開一家服飾網店應該是不錯的選擇？不過她想到有位受訪者曾說，自己從文具用品開始，一直賣到鞋子、服飾，最後還是選擇專賣包包，因為包包「沒有尺寸之分」。

這位受訪者說，很多網路創業新手都沒有生產產品的能力，所以批貨就是貨源管道，然而後來才知道，原來同一款產品在批貨時要大、中、小號都拿，如此一來，肯定有賣不掉的產品（通常中號最好賣，大號或小號就不見得賣得掉），最後這些原本還是當季的產品很快就變成賣不掉的過季庫存。

這些前人花大錢才學到的血淚經驗，安潔都聽到心裡去，她打定主意，自己賣的產品一定要盡可能避免這種困擾，以降低庫存壓力。

安潔是個工作與學習能力都很強的人，她知道自己喜不喜歡一項產品是一回事，學習這項產品的各種知識才是更重要的問題。她發現，流行時尚產品的網拍、網購市場已經很飽和，如果再投入，自己也沒有多大的把握。此時剛好得知她在美國加州的親戚在做營養補充品的生意，有個小工廠，自己調配方生產水蜜桃口味的粉狀營養補充品，安潔馬上打電話詢問合作的可能性。

安潔打的算盤是，營養補充品在臺灣的市場很大，且通常原料成本並不高，利潤相當不錯，親戚的產品也適合小孩與老人。也因為是親戚，雙方很快達成協議，由親戚從加州出貨給她，安潔在臺灣找分裝工廠，也就是採取「美國進口，臺灣分裝」模式。

如果以五〇〇毫升的塑膠瓶為包裝，安潔預計第一次先進個一千瓶，這樣用來試水溫應該不為過。一千瓶差不多等於五百公斤的原料，連海運運費大約十五萬元，她快速心算了一下，為了符合成本只能占零售價三〇％的原則，算算每瓶的原料、運費、包裝甚至加上行銷費用，若將單瓶成本壓在新臺幣一五〇元，則每瓶零售價約可訂為新臺幣五百元。而且只要包裝設計得宜，看起來就像美國進口，肯定能增加質感。

接著她便開始找海運行、容器廠、分裝廠、美術設計及印刷廠等協力廠商。海運和美術設計很快就搞定，反而是要找到自己喜歡的塑膠瓶子和分裝廠，費了一番功夫，最後在新北市新莊區的工業區找到。

一個多月後，一千瓶營養補充品「樂多」用小貨車載送到家門口，看著一箱箱「樂多」送進家裡，安潔雄心萬丈，摩拳擦掌準備大幹一番。

雖然決定透過網路銷售「樂多」，但由於只有這麼一項產品，安潔知道要架一個網站單賣「樂多」是不行的，最後決定暫時不架設自己的企業網站，而考慮進駐幾個主要的網購平台。雖然網購平台的抽成不低，但考慮到這些入口網站的龐大流量，只要商品賣得出去，即使讓購物平台抽成也是合理，「畢竟人家的流量大嘛！」安潔想。她也接受平台的建議，申請網路刷卡機制，還忙著申請公司登記與營利事業登記證，以在平台營業。

公司登記需要有個辦公地址，安潔原本想用自己位於住商兩用區的住家當公司登記地址，卻發現如果將住家改為商業用，水電費會增加很多，加上萬一日後要和供應商開會，家裡總是不夠正式。幾經考量，她決定在商務中心租一個辦公室，每個月房租七千元，同時也請會計師事務所幫忙每個月的記帳、發票處理等問題，會計事務所每個月的服務費是三千元，因此這一萬元便成為她每個月的基本開銷。

這段時間，安潔還找人設計名片，印信封以及用來裝產品郵寄用的紙箱，她特別把家裡的一個小房間清空，存放一千瓶「樂多」和所有的紙箱。此外，為了建立消費者對產品的品牌印象，還花錢找專業攝影師拍了一組產品照片，並且發揮過去當記者的寫稿功力，寫了好幾篇產品說明供網購平台刊登。

好不容易，產品、文稿、照片、金流等一切就緒，安潔相信「樂多」一定能一炮而紅。幾天後，看到網站美編傳來的產品網頁設計稿，心情更是激動難以言喻，覺得自己終於從打工的上班族變成小資創業者。

流量低是因為沒廣告？

就這樣，三個月後的某一天，「樂多」正式上線了！開張第一天，安潔一大早連早餐都沒吃就急忙上線，點進網頁後，看到自己的產品在臺灣主要網購平台上出現，不禁眼光泛淚，既感傷又興奮。因為自己從剛開始不知道要做什麼生意、直到擁有人生中第一項產品、有了自己的公司，一切就像夢幻一樣。

第一天過去了，安潔在電腦前面坐了一整天，卻沒有接到任何訂單，連一通詢問電話都沒有，她耐著性子告訴自己才開張第一天，不要太心急。

第二天過去了，還是一張訂單也沒有；第三天傍晚，安潔開始急了。當初很多人都說，在網購平台上架比自己架設網店更能吸引流量，「大家都說現在不景氣，百貨公司絕對比巷子裡的小店更吸引人潮」安潔心想，「既然如此，為什麼我的商品一件都沒賣出去？」

又過了兩天，安潔受不了了，打電話給網購平台的業務窗口求救兼問罪，質問他們當初說自己家的平台流量龐大，每天營業量多高又多高，只要發EDM出去，訂單就會如雪片般飛來，為什麼自己的產品上架快一週了，卻連一張訂單都沒有呢？

業務窗口聽完她的抱怨，認為光靠產品在網購平台上的單薄網頁是不夠的，建議她最好也能在幾個重點網頁上廣告，當然，買關鍵字廣告也是另一個方法。安潔覺得頗有道理，便詢問業務相關廣告的單價，卻被對方的報價嚇了一大跳。無論是網購平台首頁還是內頁的廣告，價格都不便宜。

業務視窗知道安潔已經有點心動，只是卡在價格上，便提供另一個方案，亦即方塊廣告加關鍵字，且很豪爽的給了她折扣，並再次強調這才是剛上架的產品最好的行銷方式。雖然還是覺得有點超出預算，但為了生意，安潔最後仍決定購買。

關鍵字廣告的原理是利用網友「有需求，才會搜尋」的道理，只有當網友搜尋某個關鍵字時，符合這個關鍵字的廣告才會從資料庫中被擷取出來，呈現在網友的搜尋頁面，以避免消費者有被廣告轟炸的厭惡感。這種關鍵字廣告在預算、上檔時間方面都比傳統廣告靈活與彈性，也比方塊廣告或橫幅廣告便宜，「如果一組關鍵字文案上檔三天，銷售或來電詢問數都沒增加，可以直接考慮換掉這組關鍵字」業務窗口說。

安潔決定第一個月先下一萬元的預算在網路廣告上，其中五千元買方塊廣告，五千元買關鍵字廣告，這樣應該可行。不過，由於一開始下的關鍵字不是很好，都是像「營養補充品」、「保養品」之類的字辭，很多賣相近產品的公司或個人也都選擇這些很普遍的關鍵字，結果連結雖然被很多人點擊，銷售量卻沒有顯著提升。

更糟的是，根據購買規定，網路關鍵字每被點擊一次，安潔就必須付出點擊費用，然而同一個關鍵字若有很多人同時選用，就需要透過競標來決定這個關鍵字的價格。也就是說，越熱門的關鍵字，價格越容易被炒高，而安潔得付出的點擊費用也越高。

然而儘管如此，銷售量卻還是只有幾十瓶，跟業務窗口當初保證的廣告效益有很大的出入。安潔於是再次修改了關鍵字，改成像「營養不良」、「轉大人」、「挑食」這類需要營養補充品需求的消費者可能會鍵入的搜尋字。

修改後的關鍵字確實讓「樂多」營養補充品多了一些銷量，但銷售速度還是遠低於她的期望，一個月下來賣不到五、六十瓶。依照這種銷售速度，要將近兩年才能銷光存貨，而且一個月五十瓶，等於只有兩萬五千元的營業額，扣掉成本，算下來根本就是賠錢。安潔急了，她認為一定是她的文稿不夠吸引人，所以即使關鍵字被點擊了，消費者還是沒興趣下單購買。於是她修改了產品文案，增加了諸如「樂多能提升老年人及兒童免疫力」等內容，她相信這樣一定能吸引消費者。

事前沒調查的法規致命傷

新文案上架後，銷量還是沒有明顯增加，卻接到壞消息。

有一天，安潔收到一封來自衛生局的公文，打開公文後，她簡直不敢相信。原來轄區衛生局有一群志工專門在網路上監看藥品及營養品廣告是否違反衛生法規，而像「提升免疫力」這類的文案便是明顯違反規定。衛生局請安潔前去解釋，否則逕自開罰，安潔只好趕快去衛生局報到。

然而，即使向衛生局官員當面解釋，結果還是一樣——罰款五萬元。讓她生氣的是，網路廣告文案原來是「先播後審制」，也就是說，刊登後如果被衛生局發現有違法規，就得接受處分。「那能不能給我們一份合乎規範的產品文案及形容詞列表？這樣至少我們知道哪些形容詞能用，哪些不能用！」安潔懇求衛生局官員，但對方表示沒有這樣的列表，只答覆說「反正希望你們最好只寫產品品名和成分就好了！」這種答覆讓安潔只能恨在心裡，最後還是得忍痛付了五萬元罰單，並趕快把「提升免疫力」這句文案換掉。

兩個月後，安潔又收到另一封衛生局公文，顫抖著雙手打開信，發現她的產品文案又有地方被抓包，同樣的流程再來一次，只不過因為是累犯，這次被罰了七萬元。

到現在為止，安潔已經前後投入超過三十萬元資金，營業額約五萬元，倉庫裡還有八百多瓶「樂多」，卻已經欲哭無淚的收到兩張合計十二萬元的罰單，而且不知道接下來還會再被開幾張。被罰怕了的安潔決定通知各網購平台，暫時先把產品下架。

轉換產品線，毫無競爭力

正不知該如何走下一步時，安潔接到前同事素珊來電。讀會計的素珊從電視臺辭職後到美國讀ＭＢＡ，又在美國微軟工作了幾年，辭職後返臺渡假，順便找安潔聚聚。兩人聊起近況，談起為人打工的悲哀，知道素珊也在想創業的事情，兩人便聊到女人的生意上。素珊建議，因為她還是要回美國加州，乾脆由她去加州的 Outlet 找名牌包，因為有時美國賣場打的折扣比臺灣還多，且原本的售價就比臺灣專櫃低，由她來找貨源再由安潔在臺灣賣，其實利潤很不錯。

想要擺脫「樂多」營養補充品夢魇的安潔聽了，馬上開始和素珊一起籌劃美國名牌包的生意，也希望能藉此翻身。不久後，素珊便飛回美國，在加州拿了第一批貨寄回臺灣。安潔開始自己拍照，翻譯產品說明，並且在網路拍賣上銷售。這次她沒有選擇網購平台，因為她們進口的是大家都認識的名牌包，不需要另外教育消費者認識品牌，且如此才能降低額外成本，利潤也才夠兩人分享。

雖然時尚產品的流行性很快，當季品只要幾個月沒賣掉就會變成過季品，但幸好對許多消費者來說，名牌包只要好看就好，過不過季不重要。不過，光是「好不好看」，兩人就溝通磨合了好久，最後才總算確定了挑貨原則，素珊於是定期將新的名牌包郵寄回來。

只不過，隨著貨品一波波回臺，安潔和素珊開始意見不合。因為進來的名牌包不是馬上就賣得掉，雖然她們的進貨成本有競爭力，但任何生意總是有存貨。且安潔認為流行商品的經營原則就是替換率要高，讓消費者能不斷看到新品，否則每次上網看到的都是同樣的商品，很快便會對這家店有「都是舊貨」的印象，因此她寧可採取「薄利多銷」。

只是，素珊對價格策略的態度剛好和她相反。具會計背景的素珊認為降價求售會導致毛利低於預期標準，等於是賠本賣，她無法同意。有一次甚至抱怨，每次都是她跑 Outlet，颳風下雨都是她開車大老遠去挑貨，而安潔竟然還把她辛苦買到的貨賤價求售，她認為自己的辛苦太不值得。

然而，安潔其實也是有苦無處說。她每天盯著電腦等著買家上門，不管是寄貨或面交，她也是風雨無阻，而且別人的名牌包雖是平行輸入（俗稱的「水貨」），但賣家只要過季的商品就會折價賣出，再進新貨，維持網店的貨品新鮮度，而她和素珊經營的網店產品雖然慢慢增多，但由於素珊堅持不打折，即使是去年的過季品一樣維持原價。同樣的產品比起其他競爭者，她們的售價就高了將近千元，怎麼賣得動？「也許別人的是A貨（精仿貨），價格才能這麼低啊！」素珊跟安潔在電話裡不停爭辯。

有一次，安潔接到消費者電話，希望她能給個好折扣，拗不過顧客，她最後折價賣給對方。然而月底對帳時，素珊發現怎麼有個包包的毛利不到五％，追問之下便發生了兩人合作以來最嚴重的爭執。雙方各持己見，安潔覺得和經營理念完全不合的人合作實在太痛苦了，最後便將素珊代墊的成本匯給她，把剩下一半的庫存包也還給她，結束這次的網路拍賣。

算了一下，這次的名牌包網路創業讓她賠了十幾萬，合計營養補充品加上名牌包，兩次創業讓安潔前後損失了約五十萬，還失去一個好朋友。

網路創業的門檻相對其他實體創業來得低，這一點是肯定的。但它是有前提的。通常網路創業可分成兩大類，一是以網路做為有形商品的銷售通路（亦即不開實體店面，單純以網路做為接觸消費者的管道），另一是研發無形產品（服務），並以網路做為銷售通路，例如APP或軟體。當然還有各種網路商業模式，這裡暫且不表，因為基本上，這兩類營運方式就涵蓋了大多數網路創業模式。

看完安潔的故事，我們可將她歸為第一類網店賣家。只是，在創業過程中，安潔是否踩到了哪些地雷？

地雷1：
沒有做好自我能力分析就急忙開店。

地雷2：
不了解所投入的創業產業之生態及相關法規。

地雷3：
給自己「做不好就算了」的退路。

地雷4：
一廂情願認為自己的產品比競爭對手好。

地雷5：
對網購人潮的想像過於樂觀。

地雷6：
開始時一頭熱，之後卻無法堅持目標。

地雷7：
對前景預測過於樂觀。

地雷8：
產品缺乏競爭優勢。

地雷9：
不斷轉換產品線。

地雷10：
團隊成員理念不合，流於內耗。

對安潔來說，她原本比其他創業者具有的優勢在於「資訊」，因為她採訪過許多成功（或者說存活下來）的創業家，每位創業家的寶貴經驗都在採訪中傳給了她，讓她比其他人更知道網路創業可能遇到的陷阱。然而，這似乎還是無助於她避免失敗。

網路雖然是成本較低的管道，但並不表示其經營難度比實體經營來得低。很多中年轉業者看電視新聞報導，以為只要幾萬元就能網路創業，卻沒有先評估自己適不適合，**他們最常犯的錯誤在於「沒有做生意的經驗」以及「對網路不了解」。**

安潔有創業的企圖心，但沒有仔細分析自己的實力就貿然進貨、開店。很多人以為網路創業只要自己一人就可以啟動，確實沒錯，但更重要的是，**如果創業者不具備做生意的特質，或者沒有「只許成功不許失敗」的決心，失敗就是很自然的結果。**

雖然安潔也知道自己一人無法處理所有的業務，因此將財務工作外包給會計師事務所，但她對做生意的本質還是不夠了解。當她手上只有一項產品時，基本上已經不太適合立刻創業；而且營養補充品是吃下肚子的商品，除了產品必須符合標準，還需要讓消費者對產品有信心。她沒有想到，營養補充品這個產業的門檻比想像中要高很多，她也沒有想過，有沒有可能她的營養補充品要走的其實是B2B2C（例如賣給連鎖藥房，再由連鎖藥房賣給消費者），而不是B2C（直接賣給消費者）。

另一個地雷是，她不了解保養品、營養補充品的產業環境，也不了解衛生署對營養補充品有詳細的法律規範，更不知道有一群志工每天在網路上搜尋違法的保養品網路廣告。

至於網購人潮，往往讓很多網路創業者失望。明明已經進駐各大入口網站的網購平台，為什麼實際拜訪自己產品頁的流量卻這麼少？其實，網路店家何其多，要讓那些在網路上閒逛的消費者進到自己的網頁是非常困難的。如果產品沒有足夠的特色，文宣不夠吸引人，確實不容易吸引網友來到自己的網頁；此外，將沒有業績歸結到沒有人潮，於是花錢買廣告、買關鍵字，但錢花了，生意還是不好，最後便陷入惡性循環。其實網店的業績不好，在解決網路流量問題之前，應該先解決事業體本身的問題，如確認銷售對象、分析產品線、設定營業目標等。

增加流量，確立定位

網路開店和實體開店的原則都一樣，開店的人就是店長，店長的職責就是讓生意越做越好。在實體商業環境中，曝光的目的是為了得到人潮；在網路上，人潮則變成流量。基本條件就是最好有越大流量的人來拜訪你的網店，讓他們願意下單購買。

如何讓網店的流量變大？原則大致如下：

1. 廣告（Banner）點擊連結
2. 消費者透過電子報或ＥＤＭ點擊連結

3. 搜尋引擎連結

4. 消費者自發拜訪網站

(1) 網站本身具有高知名度

(2) 因各種媒體報導產生印象

(3) 從網路社群上認識網店

以上這四種吸引網店流量的方法中，廣告點擊與電子報、EDM都屬於「短效型」行銷方式，其文案必須寫得夠吸引網友，讓他們願意點擊連接到你的網店才行。廣告文案如何吸引人？你可以強調自家產品的特性，也可以走利益路線，像是開張大贈送或其他促銷方案，例如購物買多少即送贈品等方法，以吸引對價格敏感的網友。甚至買一送一，讓從未聽過你產品的消費者願意付錢試試看。

短效型的行銷手法，目的在於吸引網友到網店消費後，持續培養網店在網友心中的定位，才有可能讓網友以後在搜尋關鍵字時，主動聯想到你的網店或產品。

想要在網友心中建立印象，產品網站也必須有明確的定位：

1. **確認自己的產品及網站屬性**：你的網店及產品和別人的差異在哪裡？自己的產品是走精品路線，還是靠價格吸引人？要確認自己的商品哪些是生活必需品，哪些是換季型商品，哪些又是節慶型商品，以及哪些是非必須、但可滿足虛榮的商品。

2. **確定自己的客群**：包括目標客群的性別、年齡、職業以及其消費習性，看是追求流行的時尚敗家族，還是精打細算的價格考量族。

3. **以消費者的角度來包裝網店**：分析以上資料後，確定自己的網店該走精品店、小品型、樂活型還是賣場型。

網路創業5大思考原則

網路創業的難度在於我們還是慣於從實體交易模式去思考，然而，只要掌握幾個做生意的基本原則，即使是網路生手，還是有機會慢慢建立自己的商譽。建議可從幾個角度去思考：

1. 商品

如果銷售的是時尚產品，網店經營者自己是否具備設計能力或挑選商品的嗅覺，也是成敗的關鍵。在兩岸網購市場賣得相當紅火的「CatWorld」，其負責人陳偉成就說，如果把時尚比喻成浪潮，網店店長的眼光最好要能成為稍微領先市場浪頭的前浪，而不是處於後浪。因為流行趨勢變化速度快，如果老是跟不上潮流，產品生命週期相對很短，很快就變成庫存。

就像網路賣家「橘熊」在開店之始，就是以大尺碼女裝為目標客群，隨著消費者的口碑，奠定了自己在大尺碼女裝網購市場的定位，並逐步擴展到女鞋、包包等產品。「橘熊」的老闆從五萬元臺幣、到五分埔批貨開始，現在已是兩岸網購天王級賣家，同時也成立了實體店面服務更多網友。

2. 價格

商品的成本結構包括：(1)產品生產（或取得）成本，(2)人力成本（客服、倉儲、營運、行銷等），(3)場地成本（辦公室、倉儲發貨中心等），(4)行銷廣告費用（商品攝影等）及(5)平台與交易費用（年費、交易手續費等）。很多網路創業者沒有搞清楚這些成本，最後常是賣越多賠越多。

此外，很多創業者也常忽略付款方式的重要性。不管是跟著網購平台經營，或是自己開的獨立網店，**提供越多樣化的付款方式**，網友越有可能下單。現在除了線上刷卡、網路ATM、貨到付款，年輕網友還愛用便利商店付款，如7-11 ibon或全家便利商店的FamiPort及超商取貨等，總之，付款方式越多，成交機率越高。

3. 促銷

簡單的說，促銷就是替消費者找個下單訂購的理由。例如滿額贈、免運費、買大送小、週年慶、加價購、福袋等，都是刺激網友掏錢購買的方法。

還有一種促銷可以讓消費者喜歡上你的網站，那就是提供顧問式的服務。例如服裝賣家不只賣衣服，還可以教消費者怎麼穿搭，這會是很好的集客方式。除此之外，定期發行電子報，不僅可增加新貨曝光機會，還能維繫與老顧客的關係。總之，促銷可說是在第一線和其他競爭對手搶客人的戰術，基本上就是利用各種行銷與廣告手法，將客人從別的店裡拉過來，盡可能擴大自己的網站流量。

只不過，有了流量還不夠，還要讓流量變成下單，也就是網路廣告裡非常重要的流量／轉化率。轉化率越高，對網店經營越好，簡單說，就是要將進入網店的人潮盡量轉化成營業額。

4. 服務

越是規格標準化、價格透明化的產品，越需要靠服務力做出區隔，像3C產品就是一例。過去有家專做記憶卡網拍業務的 MemoryMart，創辦人戴豐義曾說：「記憶卡就像大閘蟹，產品從上架到銷售的生命週期很短。」他說，大閘蟹的賞味期只有三天，記憶卡則會跟著DRAM的報價而波動，但總的來說，其售價是往下走的。如果沒能在一個月內賣掉，下一批到市場上的記憶卡就有可能比手上的存貨便宜，此時就只好賤價出售。

因為價格變動性太高，戴豐義設定了四大經營原則：現金採購、衡量銷售、專業諮詢、快速維修。其中，現金採購、衡量銷售屬於經營面，專業諮詢、快速維修則屬於服務力。雖說記憶卡是標準化產品，但還是有其專業知識，對消費者而言，記憶卡的規格、讀取速度各異，哪些設備適合哪種記憶卡，常是一知半解。例如，光是ＳＤ卡就有不同的傳輸速度和規格，哪些適合高階相機、哪些適合隨身機，消費者常需要專業諮詢。為此戴豐義特地推出六支諮詢電話，消費者只要有問題，不管任何時候都可直接與客服人員透過電話討論。

戴豐義認為，越是高單價的產品，消費者越需要安心感，價格反而不見得是第一順位考量，除非服務品質相同，消費者才會考量價格。在售後維修服務上，他也堅持必須「速修速送」。一般大品牌的記憶卡臺灣代理商，送修時程大概都要十到十四天，但在 MemoryMart 購買的同品牌記憶卡只要有問題，一定在收卡後第三天便能完成維修更換，寄回給消費者。

5. 口碑

口碑來自於網店經營過程中，許多小故事的日積月累，口耳相傳，而後在網友心中所形成的印象。例如東京著衣最被稱道的就是售後服務，即使遇到不合理客訴，他們也能在了解客戶的抱怨後，無條件退還訂購款項，同時立刻致贈小禮物以示歉意。

網路創業者必須切記，在電子商務中，服務品質是最容易形成口碑的，特別是在創業初期。當網店沒有任何知名度時，雖然靠服務品質來累積口碑的成效不如打廣告那麼快，但隨著營業時程拉長，這樣的宣傳卻是最實在的。

選擇網購設店平台7大重點

當然，網路拍賣也是許多創業者考慮的另一個主要通路，然而什麼都有、什麼都賣、什麼都不奇怪的網路拍賣也並非全無缺點：

1. 網拍的經營型態以價格為導向，拚價格成為許多創業者難以避免的瓶頸。
2. 網拍賣家背景複雜，詐騙事件時有所聞，為網拍蒙上一層陰影。
3. 在視覺上，賣家的產品在網拍服務商所提供的、統一格式的網頁上銷售，難以凸顯自家產品與眾多競爭者之間的差異。
4. 網拍服務商會將消費者的相關資料儲存在系統資料庫以保護買家，因此網拍賣家能拿到的買家資料有限，想要做後續客服也就變得綁手綁腳。

也因為拍賣場未必適合，許多人還是會優先考慮網購平台。網路之上人人平等，一個只由三、五人經營、設計精美的網路商店，經營成效很可能完全不輸給大企業所架設的網站，而這也只有在網路商店才辦得到。因此，設店平台的功能與彈性便是網路創業者在選擇網店平台時必須注意的重點：

1. **網站建置**：是否能讓使用者輕易更換頁面外觀或顏色，商品區與討論區能否調換位置、操作是否簡單且不需下指令，只要以滑鼠按鍵就能完成工作。

2. **商品管理**：必須注意是否有上架商品的數量限制，商品分類是否可由使用者自行定義，商品銷售狀況變更、商品上下架設定是否可由使用者自行設定等。

3. **訂單管理**：從下單、收款、請款、出貨到訂單完成歸檔，能隨時知道每筆訂單的狀況。

4. **流量與熱銷產品分析**：能否讓使用者隨時分析網站的高流量時段、知道哪樣產品被點閱或銷售的數量最多，以掌握網站的淡旺季活動及客戶喜好。

5. **金流與物流**：平台服務商是否能提供使用者各種金流及物流的選擇方案，服務商是否能夠將金、物流機制整合進平台？費用如何計算？

6. **會員管理**：是否能讓使用者建立客戶資料庫，並分析歸納不同客戶群，以便寄發電子報、EDM或促銷活動以進行個性化行銷。

7. **行銷廣告**：這是網路創業者最在乎的事情。平台服務商是否會定期推出行銷與促銷活動以吸引網友？是否協助創業者從事文宣活動及媒體曝光？

關於金流與物流，電子商務的一般金流服務包含(1)轉帳與劃撥、(2)傳真刷卡、(3)到店取貨付款與(4)貨到付款等，其中的傳真刷卡，創業者最好請教平台服務商是否能協助申請信用卡刷卡服務。

由於創業者的資本額必須達到一定金額才能申請線上刷卡，因此也可詢問平台服務商，是否能協助提供第三者代收服務；這些額外的金流服務是否需要額外付費，創業者在申請前也應詢問清楚。

至於物流方面，國內的平台服務商幾乎都和國內各大物流系統有簽約合作，這方面的差異並不大，除了中華郵政（也就是郵局）的寄送，還有貨運系統（如新竹貨運、嘉里大榮物流等）、超商物流系統（如統一數網、便利達康等）及宅配系統（如統一速達、臺灣宅配通等）可供選擇。

不過，有些客戶不喜歡事先付款或線上刷卡，而有些物流系統在一定範圍的貨物體積內，運送價格都一樣，有時並不划算。建議網站剛開張的前幾個月、寄送商品還不是很多時，可利用中華郵政的「代收貨價」服務。只要事先在郵局開立一個劃撥帳號戶頭，日後自行將包裹送到郵局，填妥代收貨價的四聯單，郵務士便會將包裹送到客戶地址並代為收取貨款，再將其存入你的劃撥帳號戶頭內。

除此之外，如何吸引人潮、舉辦行銷活動是最困擾網路創業者的兩件事。理論上，網路市集平台服務商的背景以ＩＳＰ（Internet Service Provider，網際網路服務提供者）或入口網站居多，每日流量動輒上百萬，這也是網路市集平台自詡為網路購物中心的原因；網路店家集結在網路市集平台，也能讓平台有足夠的產品供消費者選購，兩者有著水幫魚，魚幫水的互利關係。

不過，網路創業者還是要自立自強。平台每天龐大的流量只是客觀條件，如何將人潮吸引到自己的網站並成為客戶，才是創業者要努力的重點。當然，平台服務商最好能不定期舉辦促銷活動，並能開課教育創業者如何進行網路行銷、促銷活動與媒體曝光。創業者在選擇平台前，最好事先詢問清楚是否有提供這些相關服務，並應多加入其他平台的討論區或ＢＢＳ站，參與討論。因為廣告可以用錢砸出來，消費者對品牌與產品的信任卻需要長期耕耘。

許多創業者以為利用網路市集平台來建置自己的網路商店成本低廉，因此只準備了建置網站的資金後就開張營業。但中小企業處青年創業顧問湯惠剛建議，還是多準備一些資金比較好。網路店面雖然不像實體店面需要幾十萬來做裝潢，卻還是需要資金投入網路行銷，例如購買廣告等。

隨著產品價格資訊透明化，許多消費者開始會先到網拍平台搜尋最低價格、到網購平台（或網路市集平台）尋找較佳的付款條件，再上街到實體店面實際體驗產品，最後才依照自己的付款意願選擇適合的購物平台，這已經是後網路時代的消費模式。消費者不見得一定會在你的網店消費，但也不必因此氣餒，只要依照上述的網路經營原則，還是有機會利用營運成本較低的網路平台，逐步建立自己的新事業。

網路市集設店平台　功能評估項目

（原始資料提供：SOHOMALL／整理：張志誠）

功能	評估項目／選擇標準
網頁設計維護與行銷功能	◉ 提供多種網站樣式
	◉ 線上商品型錄有多種版型可套用
	◉ 網站頁首 logo 可自行設計上傳
	◉ 網站主色系有多種選擇
	◉ 各標題項目可自由排序
	◉ 簡單輸入文字便能立即使用多種跑馬燈
	◉ 商品的搜尋引擎功能完善
	◉ 能依商品分類陳列商品項
	◉ 能自行上傳廣告並可於自己的頁面上對外販賣廣告
	◉ 會依節慶或結合促銷活動發送電子促銷信
	◉ 提供電子報／新聞訂閱
	◉ 可上傳影音多媒體檔案及線上播放
	◉ 可支援多國語言
商品管理功能	◉ 商品數量有無限制
	◉ 商品可採多重分類劃分
	◉ 商品能自行更動上下架設定
	◉ 經營者能針對全部或單一商品進行變價
	◉ 檔案／型錄上下載有無格式限制
	◉ 商品能以清單／群組方式呈現，以利消費者直接訂購
	◉ 銷售排行榜點選可連結至商品頁
	◉ 可針對某些商品做特別的促銷活動
	◉ 購物系統是否能指定配送時間
	◉ 可設定於特定時間內，商品自動限時特賣
	◉ 有無訪客計數器功能
	◉ 是否能針對頁面及商品瀏覽率進行分析

經營管理與分析功能	◉ 內建電子報發送系統 （含自製電子報、訂閱電子報、電子報促銷系統等）
	◉ 有無 FAQ 問答集維護功能
	◉ 有無留言版及討論區維護功能
	◉ 是否能提供日、週、月、年的營業額統計表
	◉ 有無網站或商品點閱來源分析
	◉ 有無網站或商品廣告點閱率分析
	◉ 可分析使用者搜尋時所用的關鍵字

會員管理功能	◉ 不同等級的會員是否能享有不同的優惠或促銷方式
	◉ 是否能提供會員性別、年齡等分析表
	◉ 會員能否自行修改資料及密碼
	◉ 會員是否可自行查詢訂單

訂單／出貨管理功能	◉ 是否可依不同條件交叉查詢訂單，如訂單編號、訂購日期、出貨日期、入帳日期、發票日期、退貨日期、公司別、寄售商、取件方式、付款方式、出貨資料、付款、結案與否……
	◉ 有無訂單取消功能
	◉ 有無退貨作業，是否完善
	◉ 系統是否可以電子郵件發送出貨或繳款通知

金流／物流管理功能	◉ 是否有網路刷卡安全交易機制
	◉ 是否有 SET、SSL 加密保證
	◉ 是否有 VISA 3D 驗證
	◉ 是否提供網路分期付款服務
	◉ 是否提供網路 ATM 服務
	◉ 是否提供便利超商付款取件服務
	◉ 是否提供貨到付款或快遞宅配服務
	◉ 是否有郵局掛號、包裹、快捷、優鮮配等服務

創業避雷指引——

張志誠

1. 網路創業可分為，以網路做為有形商品的銷售通路，以及以網路做為銷售通路研發無形產品。
2. 開網店和開實體店的唯一差別，只是你聞不到店面裝潢好的油漆味。網路創業一樣要設定目標客群，並確認自己是打算將其當做副業，還是全心投入的創業。
3. 即使是低成本的網路創業，也必須具備做生意的特質與經驗、對網路客群有一定了解，以及只許成功不許失敗的決心。誤認其投入成本低、風險低，低估失敗帶來的損失，最容易演變成三天打魚兩天晒網。
4. 網路創業跟養孩子一樣，都需要時間與心力來孕育，不是光丟到入口網站通路就能收錢。
5. 網路創業的投入族群大多是年輕人，團隊成員不是同學就是好友，最容易出現分工權責不清、財務畫分不清、職權管理不清、誰也不服誰的情況，整個團隊成為一盤散沙。創業前應把話說清楚，一旦決定了團隊方向，所有人都要盡全力完成目標。
6. 很多網路創業者成天呆在家，和外界接觸越來越少，不僅失去許多接觸外界的機會，家裡的舒適環境也容易讓人失去戰鬥意志，更無法得知競爭對手的發展。切記，多花時間和人群接觸，通常會有意想不到的收穫。

7. 網路創業的進入門檻低，意味著經營門檻高，投入者眾，競爭自然激烈。再加上容易進入，反而容易不把創業當回事。

8. 許多人會在拿到創投資金隔天就開始大肆投資硬體，大量招募，但新事業的獲利模式卻尚未穩固，等發現資金水位不足時，一切都來不及了。

9. 好的計畫是一回事，執行才是重點。如果執行力差，至少要有執行力強的夥伴。

10. 網路創業者不是技術能力強，就是對產品有高度信心，但往往忘了顧客才是決定新事業存活的關鍵。別忘了時時刻刻將顧客放在心裡。

11. 網路創業五大思考原則：商品、價格、促銷、服務與口碑。

12. 選擇網購平台七大重點：網站建置、商品管理、訂單管理、流量與熱銷產品分析、金流與物流、會員管理及行銷廣告。

13. 網購平台的龐大流量只是客觀條件，如何將人潮吸引到自己的網店並成為客戶才是重點。

14. 廣告可以用錢砸出來，消費者對品牌與產品的信任卻需要長期耕耘。

15. 對網路創業來說，即使啟動資金低廉，還是必須準備充足的行銷預算。

第9爆

當SOHO族開工作室，好浪漫？

- 每年投入SOHO族市場的人，其實和退出的人數幾乎一樣多。
- 資金、專業、人脈、自律與口碑，是個人工作室成敗的五大關鍵。

還記得韓劇《火花》嗎？劇中女主角李英愛是個編劇，她和另外兩位好友共租一個公寓當成工作室，大家在裡面創作，各自有各自的業務。有時熬夜工作錯過捷運末班車，就在工作室過夜；工作倦了，也能在工作室休息。工作室還有個小廚房，想煮咖啡或不想叫外賣時，也可以自己做飯。該出去提案的人就出門，沒靈感了還可以溜出去喝個下午茶，三個女人在工作室裡吱吱喳喳聊天，或是埋頭工作，這樣的創業看來真的好浪漫。

我也認識一個以工作室為型態的真實團隊，他們都是文字工作者，不過不是文創編劇，而是專門接雜誌、企業的外稿、專訪、廣編或企業手冊這類的業務。

東尼、愛苓和蘭西三人都是報紙或雜誌記者出身，每個人都有各自的專長，有人專跑財經，有人是科技線記者，還有人是生活線記者。剛開始，每個人都從各自的老東家接案子來做，這種接外稿的寫作案其實價碼並不高，通常每個字大約三到三．五元，說起來也算是種手工業。他們希望能利用接案認識企業客戶，慢慢建立人脈，期望能因此有機會接到像企業簡介、內部刊物或年報這類毛利較高的業務。

時間過得很快，他們也確實累積了企業人脈，不久後，他們接到第一個詢問電話，有個客戶想做一本企業簡介，請他們規畫後報價。接到工作室第一個大案子，三人欣喜若狂，希望能把這個案子做好，以後就有機會從爬格子轉型成專做高毛利出版品的專業工作室。

缺乏專長互補的團隊

三個人於是開始進行企業簡介的規畫，不過他們都沒有從企畫到後製出版的完整經驗，最大問題是外拍攝影和後製美編的人選及價碼，及所投入的時間該如何換算成成本與利潤。

好不容易，案子規畫出來了，他們帶著剛出爐的企劃書前去提案，企業公關部門主管聽完他們的簡報後，基本上沒有太多意見，只是提出一些局部修改的想法，這些對東尼等人來說也不是問題，畢竟付錢的是大爺，只要提案不要被修改成四不像就好。

不過，對方對他們的報價卻比較有意見。「整個報價能不能再低一些？」公關主管在紙上寫下她認為公司願意支付的數字。看到這個數字，三人不知道該怎麼答覆，因為他們三人都沒有做過業務，也不知道怎麼談判，最後公關主管請他們再回去想想，如果可以的話，才進一步商談細節。

三人回去後開始討論該不該接受對方的價格，如果接受，就得重新檢視還有沒有可以降低成本的地方。且如果重新計算後，獲利還是低於成本，是否還要接受對方的報價？

大家開始提出自己的想法，有人認為這是個打知名度的好機會，即使賠錢也應該接；也有人認為，萬一日後其他業者知道他們這麼容易殺價，那以後幾乎都賺不了錢了；另外，需要多少人投入、如何分配日後所得等也都是問題，三人從下午一直談到晚上，總算有了初步結論，決定接受企業的價錢。

由於是第一次接這種案子，他們有很多細節都沒有想到。例如，不同的攝影師有不同的風格，而事前他們也沒有和客戶先討論他們喜歡的風格，結果客戶並不滿意第一次拍出來的照片。問題是，當初簽約時也沒談到重拍照片的費用該怎麼計算，東尼又怕得罪了第一個客戶，以後會不容易接到案子，最後決定這部分的費用由他們三人平均分攤。

除此之外，他們從過去的人脈裡找到在老東家工作的美編，但這個美編得先處理雜誌社交付的案子，幾乎沒有時間製作他們工作室的企業簡介。隨著交件時間逼近，三人急得像熱鍋上的螞蟻，因為合約書上有關企業客戶的利益都寫得很清楚——延遲交件的話，企業可扣除部分款項。如果真的無法及時交件，那這個案子可真是賠了夫人又折兵。

幸好，利用以往的交情，連求帶跪，三個人最後總算讓美編即時完稿。客戶看過完稿後，又經過幾次微調，總算將這個企業簡介案完成。雖然，等他們收到客戶寄來的支票，核算之後，發現每個人可分到的金額其實遠低於接稿所得。不過他們還是很開心能完成這個專案，當天晚上，三人就跑去飯店的歐式自助餐廳大吃一頓，之後又跑去逛街，東尼還買了最想買的大螢幕手機，愛苓和蘭西各買了高檔皮包和馬靴。

開發新客戶原來不容易？

只不過，接下來幾個月，雜誌外稿數量驟減，原本期待的企業專案卻一個也沒有。三個人之間的氣氛越來越低靡，因為工作室的房租、水電費、寬頻和電話費都還是得照付。東尼只能整天玩手機；愛苓帶著新包包找老同事，問問看還有沒有外稿可寫；蘭西則後悔把錢拿去買馬靴，想看看能不能上網拍賣掉，大家各有各的心事。

又過了兩個月，愛苓進工作室的時間越來越少，東尼和蘭西好奇她都跑哪裡去了，最後得到答案是，愛苓應徵到一家報社，回鍋當記者。兩人恍然大悟，最後約了愛苓見面，大家開誠布公討論工作室的下一步，最後決定收掉工作室，並處理掉多功能事務機、印表機、電視等設備，東尼和蘭西也再去找了工作，結束了這個當初以為非常浪漫的創業。

從以上的故事，你看到了成立一家工作室可能會踩到的地雷嗎？

地雷 1：

創業前沒有確定穩定的客源。

地雷 2：

工作室合夥人的專長重疊而非互補。

地雷 3：

工作室的各種人脈不足。

地雷 4：

不了解投入產業的生態與產業鏈。

地雷 5：

把開發新客戶想得太容易。

地雷 6：

沒有詳細分析主要業務的成本與支出概況。

地雷 7：

沒有詳細評估工作室的每月支出。

地雷 8：

沒有準備足夠的預備金。

地雷 9：

創業前沒有確定穩定、優質的協力廠商。

個人工作室成敗5大關鍵

資金、專業、人脈、自律、口碑是一家工作室能否存活的五大要素，缺少任一個，也許還可能存活，但如果同時缺少三個或以上，收掉只是遲早的問題。時機歹歹，上班族利用個人專長在工作之餘接專案以增加收入已經越來越普遍，如果成效不錯，最後成立個人工作室創業也是許多上班族的生涯規畫選項之一。不管是為工作或生活、是自願或被迫，個人工作室的市場已逐漸形成氣候。

隨著資訊設備與網路通訊技術的快速發展，SOHO族的個人工作室種類也從早期的少數幾個職業，發展出更多樣化的市場。從過去較常見的文字工作、美術設計，到現在的資訊軟體與系統程式整合、影像製作（攝影、商業廣告、拍照）、數位內容（網頁設計、動畫等）、企劃、公關、活動策劃與執行，甚至網路拍賣等，都已形成市場。

雖說個人工作室已在世界各國形成風潮，然而**每年投入這個市場的人和退出者事實上幾乎一樣多，能夠撐下來的僅是少數中的少數而已**。

曾輔導過個人工作室轉型中小企業的勞委會創業諮詢顧問、臺灣產業訓練協會祕書長陳文彬曾說，**個人工作室想要成功，必先求存活，而擁有專業技術或專業知識是其基石；提供能與競爭對手區隔的服務，更是在競爭激烈的市場中殺出重圍的藍海策略**。

例如，由吳連宏與高千月共組的「序和創意設計社」，因為過去待的設計公司專接政府網站企畫案，便延續了這種經驗，打進一般SOHO族難以切入的政府網站業務，使自己的工作室很快占據市場優勢。當然，這樣的際遇並不是每個SOHO族都能遇到，因此除了專業技能，培養人脈也是SOHO族開發基本案源的入門磚。

只是，培養人脈不光是到處散發名片那麼簡單。除了讓客戶認識你，還要讓客戶對你的專業技能與工作態度有正面評價，這一點是很難速成的。我曾和黑秀網的創站人唐聖瀚談過，他認為，想要成為專業的個人工作者，最好能先在企業內工作個幾年，學習了解一個專案從企畫到結案的每個環節，以及如何與不同部門的同事進行協調管控、如何行銷、向客戶提案、如何與客戶應對談判，甚至學習如何籌資，才能為成為一個專業的個人工作者做準備。

如果預計從過去工作的公司裡挖角客戶，做為個人工作室成立後的第一個案源，那最好也要能同時做到一方面獲得新客戶，一方面與老東家維持和諧關係。畢竟跳蚤是沒有能力與大象正面衝突的，況且這圈子並不大，和老東家打壞關係，個人工作室的業務發展很可能會被封殺。

成立個人工作室最重要的是專業實力而非排場，千萬不要讓利潤被一些無關緊要的費用或設備給稀釋掉。例如，曾有人將工作室設在都會區的精華地段，每個月高達四、五萬元的房租，一下子就在資金調度上壓得工作室左支右絀，只要一個月沒有案源，立刻面臨資金斷炊的窘境。因此籌資與資金調度也是維繫個人工作室的關鍵。

映普策略行銷總經理沈顯城則建議，假如沒有進銷存、物料等成本，個人工作室可依據自身的規模及管銷費用，加上六個月的存活預備金來準備資金。因為除非工作室在成立之初便已確定有足夠的客戶會帶槍投靠，否則光是業務開發就要花上三到六個月，要是沒有充足的預備金，創業之初就會被錢追得很辛苦。

因為進入與退出門檻都很低，個人工作室的市場幾乎每年都會進行一場大洗牌。以「馬賽」聞名於插畫界的個人工作者陳重宏就建議，想成為全職SOHO，一定要記得：「如果心中已給自己留一條『做不好就回去上班』的退路，就不要成立個人工作室。」

當初他要離開廣告公司時，主管只告訴他，沒闖出一番局面就不要回來，衝著這句話與強烈的企圖心，陳重宏嚴格自我管理與學習，也不亂接案子，多出來的時間就自我進修，他甚至曾以三十萬元的代價，前往西班牙短期進修兩個月。

當然，也有些人從未在企業體工作過一天，卻依舊有接不完的案子，成為SOHO市場的當紅炸子雞，他們依賴的不外乎是資金、專業、人脈、自律、口碑這五項個人工作者的基本修練。

其中，口碑是前四項修練所累積而來的結果，SOHO族能否熬過最艱苦的頭一年，在於能否讓客戶為你打廣告。開設工作室很重要的部分在於經營人脈，而想要成功經營人脈，首先必須累積出口碑。如果能保有足夠的營運資金，專心修練技能，提供客戶專業服務，並且嚴格自律、不斷學習，與上下游廠商建立良好的合作關係，所有的努力都會回饋到你的口碑上，為你持續不斷帶進新業務。這樣的個人工作室不僅能獲得工作上的自由，也能得到財務自由。

對ＳＯＨＯ族來說，口碑就像一把雙面刃。做得好，客戶會為你免費宣傳；做不好，客戶之間的閒話一句，也會讓你失去重要客源。所謂「壞事傳千里」，這在ＳＯＨＯ業中屢見不鮮，因此除了慎選客戶，還要盡力做好每件案子，讓客戶不知不覺成為自己的業務，才是最高境界。

尤其是做設計類的ＳＯＨＯ族，通常最弱的一點就是不懂得應對，不會推銷自己的作品，在客戶面前說不出自己的設計理念，自然讓客戶因無法理解而挑東撿西。然後為了結案，又得應客戶的要求反覆修改，不但自己的創作心情大受影響，也浪費時間成本，更因此被質疑工作能力，最後就只能「謝謝再聯絡」了。切記，擁有第一個客戶已經非常不容易了，如果因為自己的漫不經心或不擅溝通而搞砸，壞名聲馬上就會傳遍業界，你也不用玩了。

有些ＳＯＨＯ族則認為自己開工作室就是為了擺脫「奧客」，因此經常會耍脾氣、關機、找不到人，讓客戶急得跳腳，這些都是當ＳＯＨＯ的大忌。答應客戶的事一定要在時限內做到，言而有信才有下一次合作機會。

此外，由於個人工作室也有淡旺季之分，淡季時常常整天閒得發慌，旺季時即使一天工作二十小時，也無法承接不斷湧來的案子，就算接下來，到時候交不出來又會得罪客戶。遇到這種情況，最好盡可能將接不下來的案子轉介給虛擬團隊的夥伴或其他有口碑的同業，自己則做好專案控管的角色，如此既不得罪客戶，又能和同業間互通有無。總之，盡可能不要推掉客戶送來的案子，畢竟只要拒絕個一、兩次，這個客戶就會另找合作對象，以後也不會再回頭了。

基本上，企業會將專案外包的原因不外乎內部沒有相關專長的人才、所規畫的專案很臨時，或有時間壓力、內部抽調不出人手等，這些案子都會影響到客戶產品行銷與面世的計畫，SOHO族的任務就是及時完成企業客戶交付的任務，所以在心態上，永遠都要把自己當成企業內部的員工，面對企業客戶的唯一任務就是要讓對方滿意。相對的，一旦讓承辦單位習慣與自己配合，對方也不會輕易更換外包廠商，畢竟換一個新的外包商，等於又要從頭適應彼此的工作習性。

SOHO族的弱點是曝光的管道有限，接觸新客戶的管道也有限，自我行銷的能力也不足。建議盡量多在相關網站張貼作品，讓客戶有機會看到。另外，也要積極在一些專業的社群網站中發言，或是成為版主，進一步提升自己的能見度。也可以多參加一些公開活動，像是演講或座談會，不僅可以多認識一些人，也可以多交換名片，且不是光發名片就好，還要懂得如何在短時間內行銷自己，讓對方留下深刻的印象。

找出利基市場

過去幾年來，SOHO族的大宗為程式設計、網頁設計、平面商品設計、文字創作翻譯、公關行銷及網拍，隨著投入者眾，也出現越來越多新業務或新型態的SOHO族。

例如，數位相機的普及就帶來各種攝影業務的興起，例如寶寶攝影、寵物攝影、婚攝等，都是新設備的普及所開發出的多元業務。另外像芳療、瑜伽、珠寶飾品設計工作室等，都是從女性相關市場中切出更細緻的服務；手機鈴聲工作室則是因應手機技術快速發展所衍生的周邊服務；珠寶飾品設計則提供消費者獨一無二的飾品設計。

至於什麼樣才算是利基型工作室的市場呢？我的朋友、特力零售集團網路服務處總監陳顯立認為，一個理想的利基市場具有幾項特徵：

1. 有一定的規模和購買力，能夠讓SOHO族持續獲利。
2. 只鎖定特定族群，狹窄而差異性大，主打大型市場的大企業又無法兼顧這個太小的市場。
3. 具有持續發展的潛力，而非只能做一次性的生意。
4. SOHO族必須確定自己有足夠的能力，持續提供這個市場創新的優質服務。

整體來說，利基市場是在一個成熟的大型市場中所衍生出來的特定市場，人單勢孤、資金不足的SOHO族如果不知道從何下手尋找自己的利基市場，不妨從成熟市場中觀察。因為市場夠大，從中切割出來的利基市場才有足夠的「口袋深度」；加上市場成熟，已有現成的消費族群，再從中尋找適合特定族群的服務，也可省掉從頭教育消費者的麻煩。

此外，也可專注在旁枝的業務，例如手機製造是只有大企業才玩得起的主流市場，但機殼彩繪、手機吊飾設計，都是依附在主流業務上的、不需要龐大資金的支流業務，只要能緊緊跟隨主流市場的發展，推出滿足部分族群的個性化服務，也就足以讓ＳＯＨＯ族在龐大的市場中存活了。

當然，隨著年歲增長，客戶的年齡層越來越低，此時能否屈就於客戶的各種要求，是必須先想清楚的。因為許多客戶都會因為各種溝通問題，寧可選擇年紀較輕的個人工作室。ＳＯＨＯ族更應該問問自己，十年，甚至二十年後，自己的工作室要變成什麼樣的規模？期望的收入是多少？會有哪些客戶群？應該如何達到這些目標？一旦有了答案，就會知道自己是想朝中小企業發展，還是維持個人工作室的規模。

如果確定日後會擴大業務規模，最好現在就開始蒐集、累積能和自己搭配的人才資料庫，並且最好能記錄每個人的專長、品質、價格、配合度、工作速度、個性等條件，如此一來方可根據不同的專案選擇合適的團隊。

當然，虛擬團隊的成員最好是能高度自律、兌現承諾的人。許多ＳＯＨＯ族常在截稿前夕人間蒸發，手機聯絡不到、電子郵件也不回，等過了截稿期又出現交稿，但遲交的稿件客戶還要不要呢？這樣的合作夥伴即使作品再好，都得考慮是否勝任。摸清楚每個合作夥伴的工作習性，誰慣於慢工出細活，誰適合當救火隊，只要擺對位置，合作起來自然順暢。

要維持一個高效率的虛擬團隊，以下幾個原則可做為參考：

1. **給自己預留補救的時間：**外包工作的截止期限至少要比客戶訂定的期限提早兩天，這樣萬一承包的合作夥伴臨時出問題，還有兩天的時間可以找救火隊幫忙。

2. **千萬別欺瞞客戶：**誠實是最好的原則。如果真的出現問題，應儘早告知客戶。通常客戶都能體諒，但如果等到交案期限當天才告知，讓客戶無從反應，當然讓人暴跳如雷。

3. **了解虛擬團隊夥伴的時間表：**不論合作夥伴是全職的ＳＯＨＯ族或兼職的學生或上班族，平常都應該定期聯絡，了解對方的工作狀況，例如是否遇到期末考或正在趕公司的案子等，才不會臨時找不到人手。

4. **隨時補充人才資料庫：**無論是上網或參加各種活動聚會，只要看到好的人選，應隨時輸入自己的人才資料庫，並利用一些小案進行初步合作，以確定是否適合納入虛擬團隊。

節稅學問大——登記成立工作室＆以個人名義接案的比較

個人工作室的行業以資訊、網路、美術、行銷、文字創作等專業為大宗，這些行業較不會因產品庫存而造成資金壓力。不過，草創期的個人工作室總是小本經營，因此手中能多些資金，自然能多一點站穩腳步的時間。

大多數的個人工作室，其雇主與員工往往是同一人，因此常常搞不清楚薪資與獲利之間的差別。

然而無論從事什麼行業，「獲利－成本支出＝利潤」都是最簡單的公式。換句話說，獲利越高、成本支出越低，自然利潤也就愈高。而所有從你手上流出去的資金都可算是成本支出，務必記住「省一百元等於賺一百元」的原則，這其中也包括各種稅款。

其他的經營成本都可透過各種方法節省，但稅賦卻很難。當政府各單位都採電腦連線後，SOHO族想要逃漏稅可是難上加難。不過，如果登記成立個人工作室，就等於成立營利事業，政府對於新創事業還是會給予稅賦上的優惠。

許多SOHO族都在名片上印有某某工作室的頭銜，但這並不表示他已為工作室申請「公司」或「行號」的營利事業登記。因為很多人覺得申請營利事業登記太過麻煩，或者因全年收入不高，而選擇以個人名義接案。這當然也是SOHO族的選擇之一，但日後每年報稅的方法也就不盡相同。

以個人名義接案，其收入就等於個人所得，而接案獲利所得的名義大致可分成(1)稿費、(2)薪資和(3)執行業務所得三種，其中，又以「稿費」在日後報稅時對SOHO族較有利。

例如，假設某人接案一整年的收入是一百萬元，這一百萬元都是由客戶以「稿費」名義支付給他，那麼申報個人綜合所得稅時，他便能享有十八萬的稿費免稅額，剩下的八十二萬最高還可再扣除三〇%為必要支出，最後的五十七萬四千元才是個人所得。但記得，一定要請客戶開立9B格式的扣繳憑單才有用。

但是，如果客戶將所支付的一百萬元費用都申報為「薪資」，SOHO族在隔年申報所得時就得以結結實實的一百萬來計算，一毛錢都沒辦法以其他名義免稅或扣抵。如此一來，當然是拿「稿費」的SOHO族能繳較少的稅。

不過，並不是每家企業都願意配合SOHO族的要求。很多企業的會計部門為了作帳方便，通常最簡單的做法就是要求有發票才能請款，這也使得許多SOHO族不得不走偏門，也就是「買發票」。意思是，沒有登記營利事業、以個人名義接案的SOHO族，必須找到有申請營利事業登記、能合法開發票的其他工作室業者，向他購買一張有客戶抬頭的發票，然後拿這張發票去請款。

但是，永晟聯合會計師事務所的會計師伍尚文就提醒大家，這種做法事實上有一定的風險。因為，第一，發票的稅額是五%，因此若想跟其他能合法開發票的工作室業者買發票，通常必須以高於五%，例如七%到一〇%的金額去購買。也就是說，你每承接一筆案子，就必須付出高於法定營業稅四〇%至一〇〇%的稅金。

若以一筆十萬元稿費的案子來看，發票原本五%的稅額是五千元，假設你以七%來跟同業購買發票，等於要給同業七千元，讓對方賺二千元，而這多付的二千元，對你來說等於多付了四〇%的稅金。如果你的同業狠一點，以一〇%的稅額賣發票給你，你就得付一萬元給對方來買這張發票，相較你原本只要支付的五千元法定稅額，你等於要多付一〇〇%的稅額，才能得到這張發票。

第二，這種做法當然是違法的，如果被國稅局查到，除了罰款，情節重大的還會移送法辦。而且國稅局查帳的時間落後當年度申報內容約二至五年，因此買發票的SOHO族還得擔四、五年的心，其實很不划算。

也因此，如果客戶群中有固定開發票的需求，建議你最好還是申請營利事業登記證。雖然因此每兩個月要報一次營業稅，每年要申報一次營利事業所得稅，以及事業負責人的綜合所得稅，看似要負擔更多稅賦，但好處是，只要有正式的憑證，大部分支出都可列為成本，包括房租水電、營業用雜支（文具、耗材、電腦設備等）、交際應酬費、差旅費等，如此一來在報稅時，就能從總收入中扣除這些成本支出，以其淨額來計算稅率，有時候節下來的稅就比個人申報綜所稅還多了。

如果你的平均年收入在一百萬元以上，可以考慮申請營利事業登記，但如果年收入低於一百萬，大費周章的申請營利登記其實並不能省下太多錢，除非你的大多數客戶都要求開發票。

有些人在申請營利事業登記時，會不知道要申請為「行號」還是「公司」，其差別在於成立的資本額。有限公司的最低資本額為五十萬元，行號則沒有最低限制，兩者一樣都可以申請發票。

除了善用「稿費」名目的十八萬免稅額，有申請營利事業登記證的個人工作室，還有幾個方法可以節稅：

1. 如果發現今年度接案較多，所得結算後的稅率級距可能從六%跳到一三%，或從一三%跳到二一%，這一差要多繳將近六一%至一一六%的稅額〔注6〕，不可不注意。解決辦法就是請客戶開立隔一年到期的非即期支票，等於把今年度的所得推延到明年度。

2. 如同前面所說，雖然成立公司行號之後，每一筆案子都要繳五％的營業稅，不過包括房租水電、營業用雜支、交際應酬、差旅費等皆可從收入中扣除，連房屋裝潢也可報修繕費用來抵稅，晚上進修還可申報為員工教育進修費。全部算下來，所節省的稅可能比個人所申報的綜合所得稅還多，但切記所有與工作相關的開支收據都要妥善保留。

3. 此外，只要是以公司行號名義購買的生財設備，也可以列為支出。像是電腦、電視、DVD等一切用品，皆可列入公司生財器具做為固定資產，各項用品若折損，也都可列為資產損失的固定資產報廢、折舊扣稅中。

以上三項中，營業用雜支及交際應酬費用是彈性最大的支出，有些SOHO族甚至連帶女朋友吃飯看電影、買名牌服裝飾品也都拿去報帳。只是，每個月的相關支出還是有一定上限，且稅捐稽徵單位也會查核每個月的這類支出相關名目，如果覺得不合理，就會打電話來「請教」，說不出道理的費用就會被剔除，因此這方面最好事先想好說詞。

最後，別忘了，健保費也可列為執行業務的必要費用，SOHO族可選擇相關工作性質的工會來加入勞健保。許多藝術工作者如編輯、採訪、寫作、漫畫、設計、企劃、文案、美術、工藝美勞、雕塑、人體藝術、裝置藝術、街頭藝術等，都可以加入各市的藝文創作人員職業工會；具備網路技能

（軟硬體、程式編寫或美編）的ＳＯＨＯ族，則可加入網路技術研發人員職業工會，就能取得加入勞健保的資格。

工作室設址撇步——善用附近的商務中心

如果想要申請行號或公司，條件之一是申請人必須提供可做為公司或行號登記的地點。很多ＳＯＨＯ族常以自家為工作地點，但能做為商業登記的地點通常都規定要位於商業區或住商混合區（自家住宅位於什麼區域，只要到區公所申請查閱即可確認），如果發現自宅無法作為商業登記時，就只有租辦公室一途了。

然而，可做為商業登記、又有一定坪數的辦公室，一個月的房租可能就要一、二萬元，而且商業登記辦公室的水電費率又比住宅來得高，對剛開業的ＳＯＨＯ族來說是筆不小的負擔，遇到這種情況，有幾種解決方法：

1. 向有開公司的親朋好友詢問，能不能將工作室登記在其公司的商業登記地址，至於費用則端看彼此的交情了。
2. 商務中心也提供辦公室出租，各地區的商務中心房租價格不一，不過最低可到七千至八千元，比一般辦公室低很多。

3.也可以和商務中心商量，只租一張辦公桌，月租即可壓低到三千五百元左右。

這類型的商務中心還可代為收信、留話，對於常在外頭跑業務的SOHO族來說是很方便的服務，也不用擔心要支付較高的營業用水電費用。

不過，有一點非常重要的是，如果SOHO族平常還是習慣在自家工作，那最好就近在住家附近尋找商務中心或辦公室，因為日後各種公文都會寄到商業登記所在地。公司的銀行帳戶最好也在商業登記所在地附近的銀行開立，否則跨區申請公司戶頭，肯定要大費唇舌以消除銀行承辦人員的質疑。

事、錢、人，決定合夥成敗

工作室會失敗，「合夥」可說是第一個可能的原因。許多SOHO族獨自運作時非常順暢，但引進合夥人之後往往問題叢生，主要原因不外乎「事」與「錢」。還沒賺錢時，大家會計較工作量不均，等開始有盈餘時，不僅計較工作，還開始計較錢多錢少，種下失敗的禍因。

合夥人在工作室中所擔負的工作應該是互補而非重疊，因為功能重疊等於資源浪費，犯了個人工作室的大忌；此外，事前應說明並尊重彼此分配的工作型態與內容，例如讓不擅於應對的人來當對外窗口，反而不是件好事。

利潤分配不均是最容易導致工作夥伴翻臉，甚至拆夥的原因。如果合夥人並沒有投入實際的資金，可考慮以工作的質與量來分配利潤。此外，最好開立獨立的帳戶，並且避免公私帳目混合，才能避免日後不必要的糾紛。

在「人」方面，如果夫妻同為合夥人則問題不大，但如果是同學、朋友，或同事合夥，那最好雙方的親人、配偶或男女朋友都不要加入團隊，否則在「事」與「錢」方面，長此以往必定發生爭執。個人工作室無論規模大小，只要牽涉到人，都會讓運作產生許多變數，唯有事前開誠布公，遇事立即討論處理，才能將成員的心結降至最低，營運才能長久。

注6：假設稅率級距從六％跳到一三％，則13-6=7，等於稅額增加一一六％（7÷6=1.16）；若稅率級距從一三％跳到二一％，則21-13=8，等於稅額增加六一％（8÷13=0.61）。

創業避雷指引——

資深視覺設計師　許順煌

1. 工作室創業前沒有確定穩定的客源就倉促開業，會造成很大的經營壓力。
2. 大型公司較不接受個人工作室，因為沒保障也沒發票可報帳，因此最好申請工作室的營業登記證，讓自己看起來比較像一家有規模的設計公司。
3. 個人工作室還是需要上下游廠商配合，因此創業前最好累積有合作經驗的上下游廠商。
4. ＳＯＨＯ市場競爭激烈，同性質的工作室同業競爭拚價格，經常拚到見血沒利潤。因此開業前，先想想自己有哪些競爭者沒有的特色。
5. 接案前需審慎評估自己的能力，不要因為沒生意而硬接下不熟悉的案子，否則接案容易，接下來卻完成不了，下場只會更慘。
6. 客戶最喜歡能快速修改設計稿的設計師，因此ＳＯＨＯ族最好先調整自己的經營心態。
7. 報價要合理，別漫天開價，生意是要做長遠的。
8. 切記，客戶就是你的衣食父母，最好能隨時與客戶進行溝通，手機也要隨時保持暢通，否則客戶找不到你，不管你有任何理由，都不會被接受。

張志誠

1. 個人工作室成敗五大關鍵：資金、專業、人脈、自律、口碑。
2. 專業的技術或知識，是SOHO族存活的基石；與競爭對手做出區隔，找出自己的利基市場，則能在競爭中脫穎而出。
3. 成立個人工作室之前，最好能先在企業內工作幾年，學習所有環節。
4. 成立個人工作室之前，最好能準備六個月的存活預備金，以因應剛開始的客源開發時期。
5. 對SOHO族來說，口碑是把雙面刃。要懂得推銷自己，並且讓客戶幫你打廣告。
6. SOHO族所合作的虛擬團隊成員，必須是能高度自律、兑現承諾的人。
7. 無論從事什麼行業，「獲利－成本支出＝利潤」都是最簡單的公式。
8. 接案獲利所得的名義大致可分成⑴稿費、⑵薪資和⑶執行業務所得三種，其中又以「稿費」在日後報稅時對SOHO族較有利。
9. 當個人工作室的平均年收入超過一百萬元時，可以考慮申請營利事業登記。
10. 若需要另租辦公室以申請營利事業登記，可善用實際工作地點附近的商務中心。
11. 合夥是工作室容易失敗的一大原因，多半源自於各人工作與利潤分配不均。
12. 合夥人彼此之間的專長應該要能互補而非重疊。

第10爆

公私混淆，全家就是我家？

- 一人公司可做為創業過渡期或穩定的經營模式，其優勢在於彈性，基石則在專業。
- 打造個人品牌是首要之務，公私不分的財務管理是不變的敗因。

一人公司，經營難

在公家機關做銷售的潔瑩原本是專職的家庭主婦，專心在家帶孩子，她的先生漢宏原本在私人企業當上班族，兩人生活過得還算可以。

只是這幾年來，因為景氣下滑，夫妻倆感覺生活越來越不好過，潔瑩覺得光靠老公的薪水越來越不容易生活，特別是還要養兩個孩子，省吃儉用也無法應付上漲的物價。同時，漢宏也出現危機感，隨著年紀和年資增長，這種危機感更明顯，因為他開始聽到同業的一些前輩，在即將屆齡退休的前幾年被公司資遣，不管是哪種理由，都讓他感到驚恐。因為他不知道自己再過幾年會不會也被資遣，畢竟私人企業會想盡辦法減少這類員工退休開支。

於是，潔瑩決定想辦法增加家庭收入，不過工作難找，對二度就業的婦女來說更難，最後她決定自己創業。她發現到政府機關或企業福委會做生意應該不錯，便開始到公家機關和企業做銷售業務，還申請了營利事業登記證等相關證照，正式成為小公司的老闆。

麻煩的是，潔瑩每天都需要帶不少商品去銷售，但她並不會開車，家裡唯一的一輛車也是漢宏上下班要用。她既不想買新車，又不想每天花三、四百元的計程車費，便栁漢宏每天載她去不同的機關或企業，傍晚下班後再繞去接她回家。一開始，漢宏基於夫妻共同體，一口答應她，想到每天只要早點出門就可以一石二鳥，兩人對未來的前景充滿希望。

潔瑩的創業一開始還算順利，但不久後，漢宏開始覺得這樣下去不是辦法。因為他每天得提早將近一小時起床，公司又不定期加班，不可能準時下班去接她；因為單趟車費就要兩百多元，潔瑩也捨不得花計程車錢，還曾在公家機關門口忍受兩個多小時的寒風等漢宏。

漢宏開始會跟潔瑩起口角，畢竟這樣對還需要兼顧上班的他來說，也是很大的壓力，而且經常為了趕時間而飆車，超速罰單也收了好幾張。最後兩人經過深談，漢宏決定趁公司提出優退方案時急流勇退，加入潔瑩的創業計畫，兩人一起打拚。

不過，原本個性就南轅北轍的兩人，平常偶爾爭吵時還因為白天各自忙碌而有緩衝的機會，自從漢宏辭職後，兩人等於工作、吃飯、休閒、睡覺都在一起，意見相左的情況越來越多。過去，潔瑩可以自己決定進貨、定價、促銷，現在漢宏加入後，開始對新公司各項業務提出各種意見，但潔瑩總認為漢宏沒做過生意，怎麼會有她懂？加上有一、兩次根據漢宏的建議所做的決定，市場又不買單，更讓她覺得還是只有自己才能做生意。

但是，漢宏也是滿腹苦水。誰能做到完全不犯錯呢？潔瑩也不是沒做過錯誤決策，但他可不會像她一樣抓著把柄天天唸，這種情況越發讓他感到不滿。雖然他也很清楚，潔瑩是很難找到的創業夥伴，但她也曾和從前的同事合作生意，後來因為在定價、促銷策略等方面各執己見，互不相讓，爭執越演越激烈，不到兩個月就拆夥了。

漢宏心想，這位同事跟潔瑩非親非故，當然不見得一定要聽潔瑩的話，但他和潔瑩可是夫妻，如果互不相讓，長久以往不僅公事做不好，最後可能連夫妻都做不成。每每想到這一點，他只好主動退讓。

此外，漢宏在辭職之前，可說是一人身兼二職，他的收入除了家用，有時候還要補貼潔瑩的進貨，甚至連潔瑩每個月的勞健保費用也由他支出。有時潔瑩向他炫耀公司這個月的收入比漢宏的月薪還多，他心裡都會想：「她根本沒把我的人力成本算進去，如果真算進去，這個事業真的有賺錢嗎？」只是這話每次到嘴邊又吞下去，而潔瑩依舊沉浸在第一次創業就成功的夢想裡。

果然，當漢宏離職之後，家裡頓時少了一份重要的收入，這下子所有的支出統統得由新事業的帳戶支出，每個月結算下來，公司的毛利往往只等於漢宏過去的薪水。

當初以為兩個人一起打拚，並維持在微型企業的經營模式，應該可以做得很開心。沒想到經營起來，大公司會遇到的問題，不管是一人公司或兩人公司，一樣遇得到。

這又是個真實的創業故事。你覺得潔瑩和漢宏踩到了哪些地雷？

地雷 1：

原本應該是微型企業的優勢，也就是「快速反應」，在潔瑩的公司反而看不到。

地雷 2：

專業不足，又無法尋求外界資源協助。

地雷 3：

「公司就是我家」，自己當家，也認為別人都得聽自己的。

地雷 4：

沒有適度將工作外包，使得兩人無法應付繁重的工作。

地雷 5：

公私不分的財務規畫，使得經營者對公司經營產生誤判。

一人公司2大優勢——彈性與專業

企業就像隻大象，個人在企業內有保障也有限制，雖說很穩定，但企業在遭逢如金融海嘯等危機時，在組織中的個人還是同樣脆弱。與其如此，跳出大象般的組織，依靠自己的專業，在市場中找到自己的定位，也成為另一種創業趨勢。

例如，許多專業白領會在廣告或公關公司打滾幾年後自立門戶，靠著掌握住幾位關鍵客戶，讓自己的一人廣告（或公關）公司足以維持至少一年的業務與營利。例如專做行銷宣傳活動的林瑞真，就是靠著取得臺灣LOREAL旗下保養品牌Kiehl's的活動案，而成功經營自己的一人公司。

大象踩不死螞蟻，只要螞蟻躲得夠快。一人公司的優勢就在於「彈性」，許多企業需要幾週才能做出的決策，一人公司只要老闆覺得沒問題，幾分鐘的討論就能定案。然而，除了「彈性」，不管販賣的是無形專業的服務還是看得到摸得著的商品，「專業」還是維持一人公司的根本。就像林瑞真，她除了一開始在公關公司工作打基礎，也不斷去學習這個產業的公關需求並累積人脈，等累積了足夠專業、時機成熟時，自然能搶下業務。

研發出「DIY種植箱」的樂活栽創辦人謝東奇，走的也是一人公司路線。他從「城市人注重養生，能不能自己種無農藥的蔬果？」這個想法出發，研發可自行組裝的種植箱，讓消費者享受當城市農夫的樂趣，開發出全新的商品與市場。

現在的謝東奇，不僅一般消費者，不少企業或公家單位也成為他的客戶，而且從創業至今，樂活栽一直維持在一人公司的規模。當然，除了必須將ＤＩＹ種植箱的生產外包給工廠，其他諸如行銷、業務、貨運等，他不是自己動手做，就是委外。扣除成本與相關費用，他現在每個月的收入比過去當上班族還高。

不少上班族想要走「一人公司」的創業路線，除了一開始業務量並不大，或是找不到配合的創業夥伴，「肥水不落外人田」也是主要原因之一。

以謝東奇來說，因為有了網路，讓他不需要砸重金租店面推廣商品，而是選擇加入入口網站購物中心。雖然入口網站的抽成高，他的產品在市場上也還不多見，但消費者對樂活生活的嚮往，還是讓他的銷售業績極佳。如此一來，他的商品也不必因實體店面的昂貴租金而抬高售價，使得新商品具有價格競爭力，此外也不用為了顧店而請店員，增加人事開銷。

隨著越來越多可透過網路達成的周邊服務提供，也讓一人公司可透過外包方式，將非核心業務交給專業服務業者，例如大多數創業者最不熟悉的財會業務，近幾年來這種方式已經愈來愈常見。

萬年敗因——失控的財務管理

不過，一人公司也並非全無缺點。許多創業者興匆匆地開張營業，不到一年又黯然退場，因為雖然有人事精簡的優勢，但創業無論大小，只要開始營業，就會遇到前面提過的產（生產）、銷（銷售）、人（人事）、發（研發）、財（財務）等問題。原本至少需要五個人（或少於五人）透過資源與勞務分配來維持的營運，現在所有的壓力全壓在一個人身上，「校長兼撞鐘」、「老闆兼工友」自此變成血淋淋的事實。

企業經營說難很難，說簡單也簡單，當長期收入抵不過支出時，就是倒閉的時候。一人公司在經營時最容易遇到的困局，便是在規畫業務時流於一廂情願，過於樂觀，一旦業務沒有朝想像中的方向發展，很容易就倒閉了。

一人公司常犯的另一個錯誤，就是「成本不明」，特別是許多人常以為自己的銀行存款有增加就表示賺錢，但往往未將自己的薪資及事前準備、執行溝通與事後收款等各項成本算進去。

此外，「公私不分」也是一人公司財務管理的另一大致命傷。許多人常有「公司的錢就是我的錢」這種錯誤觀念，造成公司帳目與私人帳目混在一起，久而久之就搞不清楚自己到底是賺錢還是賠錢。建議公司的收入支出一定要與私人的分開，且即使一開始不懂什麼是損益表，至少也要從每天記帳開始做起。

通常，一人創業的負責人最不懂的就是會計帳目，此時，一家合格的會計師事務所除了能幫創業者做每月報帳與財務報表，有任何財會相關問題也能提供諮詢。會計師還會提供正確的財務管理習慣，對於一人公司的帳務管理能提供非常大的幫助。

打造個人品牌是首要之務

在沒有堅強背景的情況下，既然現在已有各種專業外包服務能讓你專心在行銷與業務上，因此更要努力把自己推向市場，讓自己在競爭激烈的市場中有更高的能見度。

有沒有發現，職場上出現越來越多成功打造出個人品牌的人？他們不是兢兢業業地在工作上培養出專業名聲，就是深入鑽研自己的興趣，成為某特定領域的專家，最後成功創業。

學學文創志業的副董事長詹偉雄，認為當社會價值追求多元、分工越細時，會呈現出另一種型態的M型社會。最大與最小的經濟體都有機會在社會中存活，大型經濟體朝規格化與大量生產發展，微型經濟體則著重差異化與量身訂做。

美食生活玩家葉怡蘭則點出打造個人品牌的核心概念——先從自己擅長或喜歡的事做起。她對旅遊、美食與品味生活的強烈熱愛，使她在職涯的前半段，就到設計與時尚雜誌工作學習了好多年，累積多年經驗後，直到一九九九年開始便在智邦生活館推出個人的「Yilan 美食生活玩家」電子報，透過持續不斷的寫作，以及獨特的觀察與細膩的筆觸，至今已累積了數十萬名會員訂閱電子報，也讓她成為臺灣品味生活的重要推手。

很多想創業的人都以為，開一人公司就不必整天看老闆的臉色，但自己當老闆時，風險也不小。宏銘整合行銷公司的負責人羅清泉在做的也是一人公司，當初因為發現政府標案中，除非像臺北市辦花博這樣的大案子會吸引大型廣告公司競標，其他如中央政府或地方政府等中小型標案，其實競標廠商並不多，他便以政府標案為主來承接宣傳業務。

以他的例子來看，遇到業務淡季時，確實比較輕鬆，但旺季時卻常常一天睡不到五小時，最可怕的時候還差點把檔案寄錯客戶。一人公司在旺季時不但需要更有效率的安排時間，也要為淡季預備「糧草」，否則出現資金天窗時就叫天天不應了。

此外，許多一人行銷公司能夠存活，靠的就是網路。就像羅清泉，這幾年做下來，對於網路行銷的關鍵字規則已經更能掌握。關鍵字的密度與關聯度是搜尋的遊戲規則之一，需要在文稿中不厭其煩地嵌入關鍵字詞，且每篇文章的主題得盡量單純。例如一篇幫基隆市政府做的行銷，最好能將基隆港、八斗子、基隆廟口、碧沙漁港等景點單獨成篇，不能包山包海，如此才更容易被搜尋到。

必要的話，他也建議創業者最好能為公司建制新網站，同時為標案成立部落格，才能將網友的搜尋從「點」延伸到「面」。因為這些費工的事，羅清泉剛開始時每天平均睡不到五小時，每個月投入在網路上的連線、固定ＩＰ與網站防護等，就將近一萬元。但無論如何，這麼多年辛苦下來，現在的他不但更能調配時間，有時一個案子就比得上過去開店時兩個月的收入，還可以留在家鄉基隆陪孩子成長，對他來說可是比金錢更有價值。

專賣歐洲獨立音樂ＣＤ超過十年的前衛花園負責人王聖懷，則為一人創業提供了三個成敗的關鍵：**(1) know-how，(2) 可套利的利基市場，(3) 產品品質與通路關係。**

以王聖懷來說，沉浸在音樂中十幾年，讓他能更深入閱讀每張音樂CD。別人只是聽音樂，他卻能以極其優雅簡練的文字，訴說每張CD的創作源頭，讓人不自覺地購買。而他切入獨立音樂這塊領域，也避開大眾音樂每況愈下的市場頹勢，在日漸枯竭的音樂土壤中培育鮮花。

儘管已經獲得成功，但王聖懷自覺不是個很有企圖心的創業者，在生活品質與收入的天秤上，他寧可在生活品質這一端多放些砝碼，因此他一年平均只推十二張新CD，在事業與生活中取得平衡。**因此一人公司的規模能做到多大，完全要看創業者的企圖心**。

此外，**一人公司是目的還是過程，也完全因人而異**。例如，一手捧紅網路繪本畫家彎彎的自轉星球文化創辦人黃俊隆，在創業之初先以一人公司的型態經營，頭幾年除了彎彎，還陸續簽了包括宅女小紅、聶永真等名人的經紀約。名片上雖然掛著「社長」頭銜，實則每一本書的每個環節，從發掘作者、談判簽約、文字編輯、設計溝通、美編後製、行銷發想、通路物流，一直到媒體聯繫、通告宣傳甚至送書等都是他的分內工作。

等事業越玩越大時，自轉星球也逐漸脫離「自轉」，進入「公轉」階段。雖然對黃俊隆來說，不管是一人或三人，企業的營運基本上沒有太大的差別，卻背負更大的責任，也不能像過去一人公司時，每年可安排一段時間出國放空充電。即使如此，他還是鼓勵創業者在適合的條件之下，盡早創業，以一人公司的方式踏出第一步。**尤其年輕氣盛時才有勇氣與好奇心**，在得與失的落差還不會太大時，能為自己創造出更多的事業空間與動力。

創業原本就不是好玩的事，一人公司雖然充滿創業者的熱情與活力，但遇到困難時沒有可以討論的對象，公司營運更容易充滿人治風格，結果往往不是大好就是大壞。如果對自己的事業方向有非常清楚的認知，又累積了足夠的專業，加上律己甚嚴，且有一群各有專長的好友請教，更重要的是，能做自己喜歡的事，那麼這一人公司的存活機會就比較高。

創業避雷指引——

資深視覺設計師　許順煌

1. 一人公司通常是中大型企業的外包廠商，忙碌的時候累得像條狗，什麼都得自己來，是典型的「校長兼撞鐘」，因此更要善用外包資源。
2. 雖然人事精簡，營運成本較低，但如果業務不見起色，經常會心慌，因此最好要有可以討論事情的好朋友或同事。不僅有人可討論談心，也較能得到客觀的意見。
3. 一人公司常需要白天出門跑業務、晚上回辦公室繼續整理資料或聯繫業務，結果又睡到日上三竿才起床。這是很差的時間安排，尤其忌諱客戶中午前來電，自己卻因補眠而關機不回應，這樣對方很快就會琵琶別抱。最好能養成規律的生活與工作習慣。
4. 一人公司的老闆常以為「全家就是我家」，尤其財務不分、成本不明，往往成為創業的致命傷。最好將會計工作委託可信賴的會計師事務所，至少能清楚每個月的收支究竟如何。
5. 越是一人公司，越需要貴人幫助，從上下游合作廠商到客戶，都要保持良好關係。
6. 經營一人公司，自己和公司都是品牌，但要確定的是，要打造的是個人品牌還是企業品牌。打造自己成為品牌，大多靠的是差異化與專業。

張志誠

1. 一人公司可做為創業過渡期，也可做為穩定的經營模式。是過程還是目的，完全因人而異。
2. 上班族想跳出大象般的組織，必須依靠自己的專業，打造個人品牌更是首要之務。
3. 一人公司的優勢在於彈性，公司的基石在於專業。
4. 公私不分與成本不明的財務管理，是一人公司的萬年敗因。
5. 業務正逢旺季時，不但需要更有效率的安排時間，也要為淡季預備「糧草」。
6. 一人公司成敗三大關鍵：(1) know-how，(2) 利基市場，(3) 產品品質與通路關係。
7. 一人公司的規模能做到多大，完全要看創業者的企圖心。

後章

景氣再差，錢照賺！

- 即使景氣差，中產階級追求一慣生活品質的企圖與習慣並沒有改變。
- 降低成本、用心觀察、仔細分析，藉由不斷創新做出具差異化的產品，就能照樣賺錢。

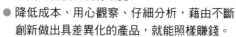

這一波從二〇〇八年開始因為美國次貸風暴、歐債危機所吹起的全球不景氣，比起一九九八年的亞洲金融風暴或二〇〇〇年初期的網路泡沫都來得嚴重。無預期的景氣寒冬凍垮了許多慣於在溫暖環境經營的業者，大企業搖搖欲墜，小店更是難逃風暴。我家附近有一家在住商區已經開了三、四年的蚵仔麵線店，現在每個月的營業額和房租水電相抵剛好打平，老闆只能決定再撐兩個月看看，這段時間讓太太去考最近很熱門的褓姆證照，打算再不行就只好把店收掉，夫妻倆在家帶小孩。

大環境不好，對未來充滿危機感，會使消費者變得極端保守。其實消費者並不是沒有錢，只是錢會開始花在刀口上。相信你一定發現，每年百貨公司的週年慶是一年一度的消費旺季，短短二十天的週年慶，竟然占全年總營收的二〇%，甚至高達三〇%，平常假日卻沒那麼多消費者上門。不景氣的時代，消費者的算盤打得越來越精，**賣家如果不能提供比別人更便宜或更有特色的產品，將很難説服消費者掏錢**。

這一波的銷售下滑，代表市場正在醞釀一股新的消費思維與習慣。原本都在附近菜市場買菜的主婦，變成假日全家到大賣場購物。除了折扣較多，大賣場還有空調，加上小型遊樂設備，等於省掉了到遊樂園的花費。這也是大賣場生意興隆，連鎖兒童遊樂場如湯姆龍卻在二〇〇八年十月無預警倒閉的原因。

「景氣好的時候，大家賺的都是 Easy Money！」臺灣產業訓練協會祕書長、中小企業創業顧問陳文彬一語道破老闆們目前的處境。這十幾年來，臺灣中產階級實質收入沒有增加，但不景氣時他們更在乎同等消費、品味（享受、服務）加乘，或同等品味、消費更低，這都挑戰商家能否以更低的成本開發出更獨具品味的產品或服務。

因此，創業者要多想想「景氣差時，我會買什麼？去哪裡買？怎麼買？購買的原因是什麼？」從消費者的立場著想，找出自己還能提供哪些貼心服務，增加附加價值。

雙M型社會成形——價格要合理，品質要中上

趨勢專家大前研一提出的M型社會，指的是中產階級的消失，社會朝向富與貧的兩個方向發展。但我認為，**過去的中產階級雖然經濟能力確實逐漸朝「貧」的方向走，但追求一慣生活品質的企圖與習慣並沒有改變。**我們可以從下面兩張表格來比較大前研一的M型社會發展與我的雙M型消費發展有何差異。

大前研一的M型社會切出高端與低端兩個消費族群，而我的雙M型消費發展圖，則是在高端與低端消費族群之間，再切出中端偏高的消費族群。從雙M型圖可發現，原本的中產階級實質消費力下降（灰色虛線），但消費欲望還是維持在過去，或是朝高端消費族群延伸（紅色虛線）。

大前研一的 M 型社會

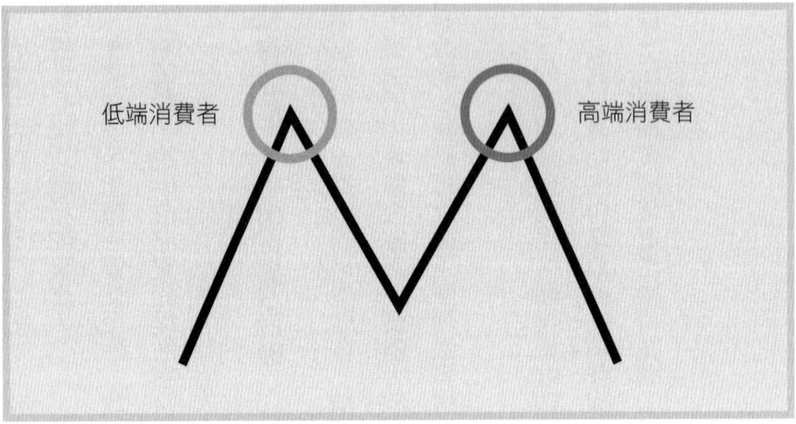

雙 M 型消費發展圖

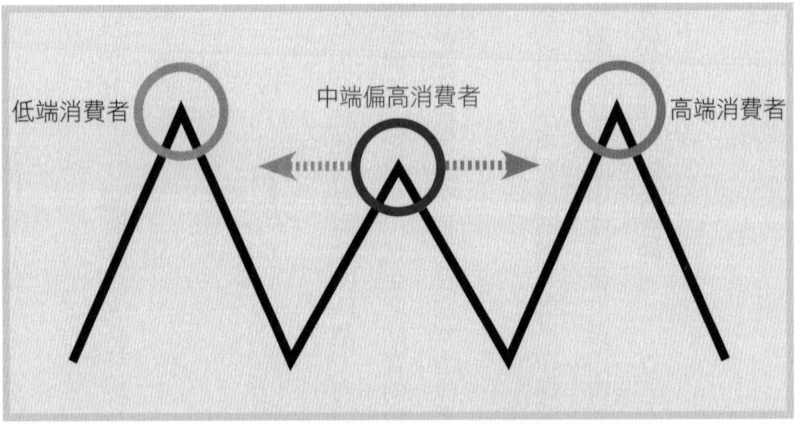

低端消費族群的消費觀是「品質過得去，便宜是王道」，高端消費族群的消費觀是「品牌是身分，價格不重要」，因此上百萬元的愛馬仕鉑金包、八、九百萬元的超級跑車才會賣到缺貨。至於我對新切出的中端偏高消費族群的側寫，則是「價格要合理，品質要中上」，他們希望能以較合理的價格得到中間偏上的產品或服務，簡單地說就是好吃（品質）、大碗（品牌）又便宜（相對付出成本）。

這一群中端偏上消費傾向的中產階級，又可以七年級做為分水嶺。七年級以前的中間偏上消費者有幾個消費特徵：

1. 重視品牌、產品所帶來的社會地位
2. 重視產品的C／P值〔注7〕

至於七年級以後的中間偏上消費族群則有以下特徵：

1. 尚未負擔家計
2. 消費時較追求時尚
3. 消費決策上有族群的壓力

我們從 iPhone5 的預購盛況即可看出，消費市場還是存在，且預購的族群正是以雙M型消費發展圖的中間偏上族群為主力。他們重視品牌、產品所帶來的社會地位，也較追求時尚，同時會受到族群壓力影響，所以在教室或辦公室裡常聽到「我的是 iPhone4，你沒用 iPhone 啊？」但簡單說，中端偏高消費者非常重視能否以較低或合理的成本，買到品質、品牌兼具的商品。因此，反過來說，創業者在擬定創業計畫時，最好也要思考以下幾個問題：

1. 做好品牌定位
2. 設計出讓人印象深刻的商標
3. 維持穩定的產品品質
4. 透過服務創造價值
5. 加入品牌文化與故事
6. 有創意的行銷

不景氣致勝法則——從創新中做出產品差異化

以下這張圖則是從經濟學來解釋創業者的優劣勢。

經濟學將產業區分成第一產業、第二產業和第三產業。用最簡單的話來解釋就是，第一產業指的是原物料的生產，像農漁牧業；第二產業是將原物料加工生產產品，從饅頭、麵包等民生產品，到服飾、皮包、3C產品等都算；第三產業則是指第一、第二產業之外的其他產業，簡單地說就是服務業、流通業。

從這張圖我們可以發現，**產品差異化越低，價格競爭越激烈**，如果顧客看不到產品（或服務）的獨特性，對產品的需求越低，其價格也就越拉不高；此外，如果從等級來看，**產品或服務可分成⑴萃取的初級產品、⑵製造產品、⑶提供服務與⑷籌劃體驗四個層次**。這四個層次跟創業有什麼關係呢？我舉個例子來說明。

一九五〇年代，美國家庭的媽媽如果想給孩子慶祝生日，通常會到雜貨店或超市買麵粉、雞蛋、糖回家，親手烤個蛋糕。這時候，

經濟價值遞進圖（歐美論點）

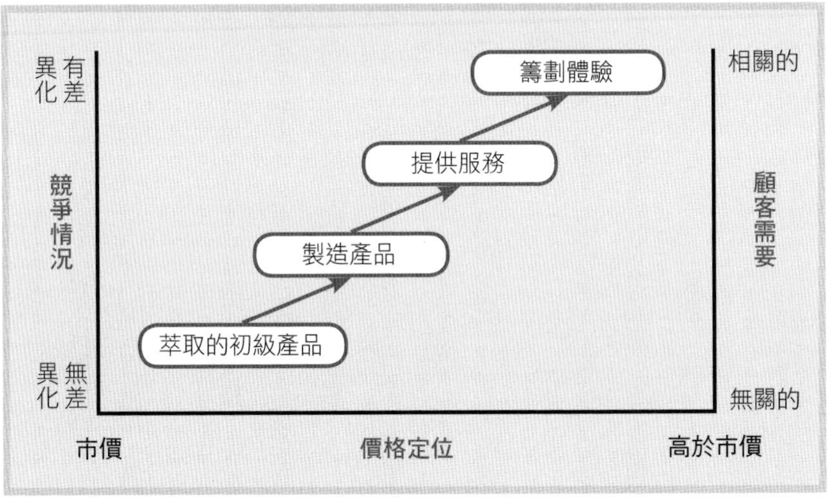

消費者買的是「萃取的初級產品」，店家的獲利來源是賣麵粉、雞蛋、糖等原料給顧客。

到了一九七〇年代，美國家庭的媽媽如果想給孩子慶祝生日，會直接到麵包店買生日蛋糕回家。這時候，消費者買的東西變成「初級產品加工後所製成的產品」，店家的獲利來源則變成賣麵粉、雞蛋、糖等原料以及加工技術給顧客。

一九九〇年代，美國媽媽們如果想給孩子慶祝生日，還是會去麵包店或超市訂購生日蛋糕，但此時顧客可依需求，訂購造型獨特的生日蛋糕，於是消費者買的東西變成「店家的加工產品及獨特服務」，店家的獲利來源也變成賣麵粉、雞蛋、糖等原料加上加工技術，再加上造型設計給顧客。

到了二〇〇〇年後，美國媽媽們開始會上網找派對籌辦達人。這些達人除了提供生日蛋糕，還會精心為小壽星籌辦一個有玩、有吃、有魔術表演、有壽星和來賓一起DIY生日禮物的活動，提供一個讓小壽星們終生難忘的生日派對。於是，消費者買的東西變成「獨一無二的消費經驗」，店家的獲利來源則變成整合原料加工、烘焙服務、生日派對規畫與執行服務。

從這四個產業層次來說，我們可以發現在上圖中，越往右上方走，服務的層次越多，服務也越多樣化。不僅店家提供給顧客的服務向上升級，更重要的是，店家越站在消費者的立場設想，越能得到**顧客的認同與較高的利潤**。特別是到最後一個層次，對父母來說，委託達人辦生日派對，這樣的付出所得到的回報是「無價」的，這才是創業者應該追求的目標。

不過，換個角度來看，第一產業的產品並非沒有提升自家產品差異性的機會。以臺灣的稻米來說，除了幾個主流的大品牌，各地農會也推出各自的品牌，例如知名的池上米，以及在池上鄉旁邊、正積極打出自家品牌的關山米。當然，許多小農也努力在第一產業的消費市場中打出自己的品牌，像「掌生穀粒」、「穀東」以及花蓮的「小劍劍」，不是主打人與土地的連結，就是將傳統農人靠天吃飯、被中間商剝削的悲情，轉化成「青春無敵的快樂農人」形象，加上切入婚慶送禮市場等，都是臺灣第一產業努力朝「提供服務」與「籌劃體驗」方向努力的成果。

除了上述源自歐美的論點「經濟價值遞進」，我在參加 SGS Qualicert 服務驗證主導稽核員訓練課程時，講師曾提到臺灣經營者的傳統十六字創業口訣，我覺得非常實用，在這裡列出來和大家分享。這十六字創業口訣就是「人無我有」、「人有我好」、「人好我俗」、「人俗我走」。

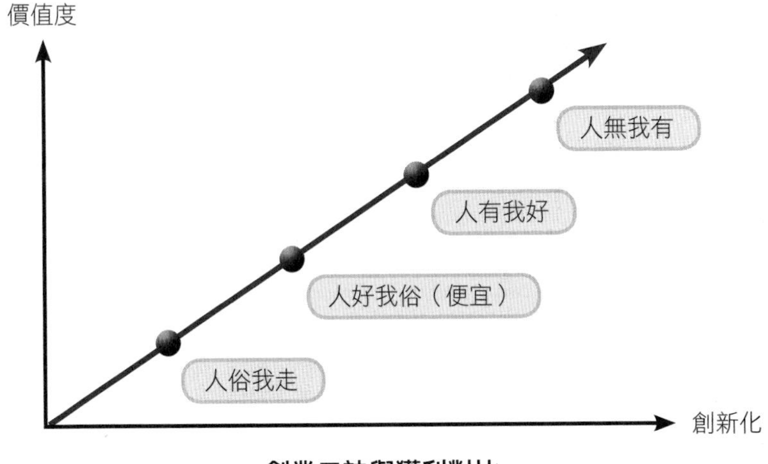

創業口訣與獲利對比

這裡所謂的「俗」是用臺語發音，也就是「便宜」的意思，它剛好和「經濟價值遞進」的發展流程相反。創業口訣一開始是「人無我有」，告訴創業者不要做跟別人一樣的產品，要做到你有而別人沒有的產品，表示你的產品創新化比競爭者強。當你的創新產品上市一段時間後，市場肯定會開始出現模仿品，這段時間你並非停著不動，而是持續研發改良產品上市，那麼當市場開始出現仿品時，你早已推出升級版或附加價值更高的新產品，這就是「人有我好」。

當市場進入第三階段，仿品的品質也提升到一定水準時，你早已從前兩階段取得足夠獲利，為了持續鞏固既有市場，並阻擋競爭者擴大市場，這時候就要打價格戰，也就是「人好我俗」的階段；到最後，當競爭者仿品的品質好，價格也降到讓你的產品無利可圖時，就是你退出市場的時候，這就是最後階段的「人俗我走」。但「走」並不是就此關門大吉，而是開發新產品，開闢新市場，然後開始另一個新的循環。

從上圖也可以發現，當創新化程度越高，產品的價值度也越高，自然也較有可能以較高的價格出售。也就是說，**你必須持續不斷創新產品，才能不斷按著創業口訣發展你的產品與服務**。

任何行業都有成功與失敗的例子，創業者能否找到對的產品及對的市場定位，是創業初期能否站穩腳步的關鍵。例如，在講求個性化與獨特性的今天，消費者越來越不願接受大量生產、整齊畫一的產品，換句話說，**滿足少數或有特殊需要的消費者需求，就有可能開創一塊過去沒人看到的市場大餅**。只要善用技術與創意，就能從既有市場中挖掘出新的商機，也就是說，**創業者如果沒有研發與製**

造產品的能力，至少該有找到新產品及貨源的能力。

至於產品的定位，新產品至少應具備以下任何一種特性：

1. 滿足消費者追求個性化商品的需求。
2. 滿足不易找到商品的顧客之需求。
3. 滿足市場逐漸出現的顧客需求。
4. 滿足原有市場中高價位商品平價化的需求。

用心觀察，仔細分析

要提升營業額與利潤，光是每天早上在店門口率隊喊「衝！衝！衝！」是不夠的。想要獲利，除了降低營運成本，還要透過各種分析來確定自己的主力產品，或找到自己的主力客層，將兩者結合在一起，才能有效提升營業額。

以某大連鎖KTV為例，雖然分店從北到南，從直轄市到縣轄市都有，卻規畫了四種不同的計費方式。因為有的分店靠近住宅區，有的在商業區，也有些在大學城附近，不同的地區有不同的客層，對KTV的消費要求也不一樣。對學生來說，總希望以人頭計費、越便宜越好；對上班族來說，則希望有大包廂、價格高些無所謂。

為此，總部發展出四種不同的計費方式讓各分店店長選擇，但店長在選擇前，一定會透過實地訪查徹底了解商圈，而且還會多巡房，從第一線與客人的接觸和各項消費報表中，整理分析顧客的消費模式，如此才能確定自己的主要消費客層。接著還要分析客層的消費習性，藉由這些分析資料，找出這些客層最能接受的消費方式，再與總部的四種計費方式比對，才能找出最適合的方案。

想要做得與眾不同，創業者必須將自己的感官放大，用心觀察、傾聽、體驗，隨時問自己「還有沒有可能做得更好？」例如，很多人以為水電行的生意不會太好，其實水電行不僅生意興隆，如果能開發其他水電師傅尚未看到的新市場，例如老年化帶來的銀髮住宅商機，未來的生意更可接不完。

銀髮住宅的商機來自於，年輕一代因為房價居高不下而選擇和父母同住，把原本的購屋預算變成房子的裝修費用；或者經濟富裕的銀髮族購屋時，顧慮到自己未來行動會越來越不便，因此居家無障礙空間的設計與施工便成為一個新市場。現在市場上大約有一五%的新裝潢案子，業主會要求規畫無障礙空間或針對老年人設計安全住家，例如最危險的浴室、廚房，開始會需要止滑磚、止滑墊、扶手等建材的設計與施工。

除此之外，這種因為高房價而再次重現的「三代同堂」現象，也會因為同一屋簷下的居住人口變多而產生隔音需求，這些都是隔音建材受矚目的原因。這樣的業務需求只會越來越多，端看業者是否能從中看到商機。

反過來看，第一次當父母的新手爸媽也是另一個商機。過去老一輩帶孩子的經驗並沒有順利傳承下來，有人便開始透過精細的觀察切出這塊新興市場。例如提供孕婦專業的按摩、避免產婦憂鬱症的身心照護、到府坐月子，甚至幫新手父母辨寶寶抓周活動服務等，這些都是已經逐漸在創業市場上成形的新行業。可見只要仔細觀察，從大市場中切出一塊足以支撐創業的利基市場並非難事，關鍵在於你有沒有細心去觀察體會，並具備初步的市場調查能力。

創業要有風險意識，在不景氣時更要如此。現在的大環境不允許創業者抱著試試看的態度投入，也不允許創業者抱著等待景氣好轉的希望，必須確定自己和創業團隊有更精準的執行力和行銷手段，而且能不斷創新以提升產品的價值，同時又要保有一定的利潤才行。這幾點要同時做到不容易，但這些都是提高成功率、降低風險的基本原則。

現在的平民消費時代已和過去完全不同，差別就在於平價之餘不能降低消費品質，因為臺灣中產階級知道什麼是「品質」，低價、低品質自然不會受到市場注意與消費者認同，只有「中低價、中高品質」的商品才能吸引注意力。

因此，我還是要再提醒你，創業前和創業過程中必須不斷檢視及思考的問題：

1. 我賣的是什麼？
2. 我的顧客是誰？
3. 我賺的錢主要來自哪裡？

4. 誰是我的主顧客？
5. 我接下來要賣的是什麼？
6. 我如何維繫我的客源？
7. 我如何經營得更有效率？
8. 我如何企業化經營？
9. 投資金額少就代表風險低嗎？（投資少不代表經營學問少）

以我之前提過的、臺北市長安西路節慶禮品街為例，他們的產品表面上看來是玩具、禮品和文具，但事實上，如果你認為自己就只是在賣商品，很容易不知不覺陷入商品的競爭，更容易陷入價格競爭。因此，先確定自己的新事業定位，再確定目標顧客及接下來的營運目標，才是重點。

透過事業的定位，讓節慶禮品業者重新定位自己，讓他們知道自己不只是賣產品的業者，而是提供消費者歡樂生活的提案家。一旦從「賣產品」的人向上提升到「提供歡樂生活解決方案」的企劃專家，那麼能做的事情就更多，當然挑戰也更大。

首先，你的每位員工都必須轉型成，能依照消費者需求提出最適合產品的提案，而不是顧客上門要買什麼，就直接從倉庫拿產品出來打包結帳。

確定新事業的定位之後，必須找出新事業的主要及次要客戶群，同時分析他們是否符合營運的八〇／二〇原則（如圖所示），同時找出主要及次要客戶群的消費高峰，並規畫年度銷售計畫。

節慶禮品是非常適合演示的商品，例如遙控產品、各種小商品等，都很適合做實體演示，因為能動的東西本身就已經夠吸引人了，這也是為何我在上課時很建議業者建立「玩家俱樂部」之類的組織，同時要鼓勵員工上傳開箱文或使用心得，讓產品有更多曝光機會，也讓消費者在購買前就知道產品是不是自己真正想要的。

切記，大多數的消費者都希望在前去消費前，能夠更了解自己想購買的東西，因此，透過自己的體驗讓消費者更了解商品，才是銷售的核心概念。如果一心只想讓消費者掏錢，也不管產品是否符合消費者需求，很可能等事後退貨時才惹出一大堆爭端，甚至鬧上新聞。

確定事業定位及主要、次要客戶群後，就能

誰是我的顧客？

主要顧客群	是否 20% 的顧客提供 80% 的營業額？
次要顧客群	是否 80% 的顧客提供 20% 的營業額？

春　節	家庭與親子、公司企業
情人節	情侶
端午節	家庭
萬聖節	學生、年輕族群
聖誕節	公司企業、家庭與親子、學生
生　日	家庭與親子、年輕族群
紀念日	家庭與親子、年輕族群
B2B	

為產品與服務設計加值項目。例如成立類似三井餐飲的「點菜師」職位，協助顧客依需求、預算、性別、目的，提供最適合的商品組合。如此一來，賣給顧客的不僅是單一商品，而是滿足顧客願望的產品組合；另外也可提供更精緻的包裝服務、成立DIY教室、玩家俱樂部等。服務加值方面，可以從節慶或特殊節日切入，進行異業合作，像是與派對公司、婚禮祕書合作，提升產品的單一價值，至少也能增加業務與市場觸角。

確定加值項目後，還需要制定詳細的服務特性標準表，透過所有員工對服務特性的共識，根據每一個服務特性寫下服務規格內容（也就是達成的方法）。例如，假設「更精緻的包裝服務」是加值項目之一，那就要確定什麼樣的包材能達到「更精緻的包裝服務」。包材的分類材料（包裝紙、包裝袋、花結、束帶等材料的尺寸、顏色等）、包裝方式與包裝流程、購物滿多少金額可享有免費包裝服務等，藉由這些細項的討論，寫成文件，讓加值服務標準化，並讓每位員工都能了解如何達成

總而言之，銷售原本就是在演一齣戲，如何將這齣戲演好，有賴所有人建立共識並努力執行。**產品是演員，服務人員是道具，所有道具存在的目的，都在讓演員得金馬獎！**中文字中，生意代表「生生不息的交易」，所以創業會被稱為「做生意」。因為有一次美好的交易經驗，自然就會有第二次的交易，即使景氣再不好、市場再飽和，只要花心思，一樣能做出市場區隔。嘗試了解消費者的感受與想法，自然能創造出不同的價值與商機。阿里巴巴的創辦人馬雲曾說：「今天很殘酷，明天更殘酷，後天會很美好，但絕大多數人都死在明天晚上，見不到後天的太陽。所以我們幹什麼都要堅持！」

不景氣中的商機1：宅經濟（到府服務）

廣義來說，只要「免出門就能享受到各種服務」，都算是宅經濟的一種。其中，「到府服務」又是將宅經濟推到極致的終極手法。到府服務屬於行動經濟的一環，其衍伸出的商機有幾個特點：

1. 讓創業者降低成立辦公室或工作室等營業場所的成本。
2. 其經濟模式比起有固定營業地點的模式相對靈活，因此不管是全職或兼差者都可進入。
3. 透過網路，即使是小型工作室或個體戶也能從小範圍開始提供。
4. 結合網路與交通工具，小型工作室也能把服務版圖擴大到跨縣市。

桃園有兩位在電腦公司上班的工程師，就因為經常看到有許多不懂電腦的家長抱著電腦主機跑大老遠到公司維修，決定跳出來自己經營「到府維修電腦」服務，這樣的服務受到許多家長歡迎，讓他們很快站穩創業腳步。

又例如，隨著小家庭成為社會主流，坐月子中心順勢興起，但並不是每個家庭都負擔得起每天四千元起跳的費用。然而，產婦還是得坐好月子，才不會有各種後遺症，因此「到府坐月子」便從現有的坐月子市場中切出一塊大餅。

坐月子褓母到府服務算是門檻較高的，過去準媽咪們都不太要求這些褓母要有褓母證照，現在有證照已經是基本需求；她們也會要求褓母定期做身體健康檢查，以避免傳染疾病給新生兒。

經營到府坐月子，專業知識是最基本的條件。很多婆婆媽媽或個體戶褓母並不知道食物的特性，一味讓產婦吃麻油雞，但像剖腹產的產婦其實就不能吃太補的月子餐，吃麻油類尤其容易上火，導致傷口發炎。她們需要的是多吃蛋白質，例如魚湯等，中藥也得從溫補開始。有經驗的坐月子褓母也需要懂得利用母乳與配方乳搭配餵食，將嬰兒的作息調整成與大人一致……也就是說，只有擁有專業護理背景的褓母群才能在競爭激烈的市場生存下去。

坐月子褓母是高度講究服務品質的行業，因此必須用工作檢查表管控褓母的工作品質，同時事先了解產婦的個性與要求，才能從名單中篩選出適合的人。此外，經營這種到府服務，勢必得提供坐月子餐外送或月子餐食材外送，這也使得有中央廚房的業者如「有機媽咪」等，幾乎得二十四小時營業，從凌晨十二點到早上五點半是中央廚房烹調月子餐的時間，早上九點前則必須將月子餐或食材配送到產婦家，接著就是坐月子褓母到府工作。凡此種種看下來，想投入這個行業的創業者必須真心喜愛才能做得長久。

想投入到府服務商機的人，最好事前做好市場調研與通盤規畫，但要有隨時調整計畫的彈性，才能在遇到突發狀況時靈活調整。此外，到府服務最容易出現的情況是沒能正確計算成本，造成出勤次數越多反而賠得越多。除了交通成本，最好也要估算出勤一趟的時間大概要多久，以及在最佳情況下，一天能出勤幾趟。即便如此，還是要在開張後的第一個月保持彈性，如果發現生意不錯，一、兩週下來戶頭卻沒有增加多少錢，那就真要再精算檢討一次了。

不景氣中的商機2：語言教育（兒童美語）

不管在臺灣還是大陸，做父母的都想給孩子最好的教育，而兒童美語教育在兒童學習市場中所占的比例最大，因此成為許多人創業的選項。

兒童美語市場的優勢在於穩定性，只要能得到家長的信任，通常一位小朋友至少有三到五年會留在同一家美語補習班。但兒童美語補習班的資金門檻卻不低，除了至少要預備三個月的教室租金，還得準備中、外籍師資、行政會計人員、教室土木裝潢、水電工程、美語教材、教學器材、電腦設備、證照申請、招生行銷以及半年的周轉預備金，因此資金水位最好準備兩百到兩百五十萬元。

位於新北市新莊區的瑪麗安娜兒童美語，其補習班地點不但有足以支持營運的學生數量，還必須通過地方教育單位及工務單位的審評。在商圈的選定上，因為一個地區都會有好幾家兒童美語補習班在競爭市場，因此一個合格的商圈應該要有四千位六至十二歲的學童才足夠。也就是說，商圈內至少要有一所國小，再搭配一個住宅區，才足以支撐當地的兒童美語教育市場。

不可否認，兒童美語補習班的入門門檻在於教學，如果創業者只有資金但英文程度不好，最好能找一位學英語教育的朋友做為合夥人，或另行聘僱一位。在教材上，加盟的創業者不用擔心，若是希望自行編寫兒童美語教材的創業者，則可參考教育部「Tesec 國教專業社群網」（http://teach.eje.edu.tw/）九年一貫課程中的「英文學習領域」，裡面有非常詳細的兒童英文教育規範、進度與編撰原則，也可以透過這些原則，做為選購市面上現有教材的依據。

兒童美語補習班能否經營成功，老師會不會教是另一重點。如果創業者是加盟主，可要求加盟總部代為招募訓練，但剛開始一定要親自參加老師的試教，並從老師準備的教具、對教材的了解程度，以及教學時的肢體語言、與學生的互動等面向來觀察。至於獨立創業者，在面試外籍老師時至少要請對方提出相關學歷證明，並且多做幾次試教測驗，同時請本國籍老師從旁協助觀察。

兒童美語教育的招生活動除了在商圈內寄送DM與試教，還可利用異業結盟的方式來深化商圈的耕耘。例如和連鎖書店合作，利用假日到書店的兒童區舉辦說故事書活動，老師在現場透過說書結合教學，讓屬於潛在客戶的父母直接感受另一種教學方式；也可與當地的速食店或早餐店合作，如果小朋友的美語考試達到一定成績，就可以到速食店享受一次免費餐點等，各種行銷手法可說是五花八門，端看業者在異業結盟上的操作手法。

想要進入兒童美語教育者，自己的經營核心必須與當地市場和人口結構密切結合。例如，獨立經營瑪麗安娜的班主任黃美英，其經營核心就是「一個能讓工作中的父母放心，孩子又能學習成長的地方」，因此下午的安親班就被包裝為主力產品，但美語教學依舊是主力項目，然後再增加寫作、數學、書法等才藝課程，不但可增加教室使用率，又能增加與家長間的「黏度」。

當然，不變的原則是要慎選加盟品牌，在合約期滿前，評估自己是否有能力獨立經營。再加上極具熱忱的教育理念，兒童美語教育會是個值得終身經營的行業。

不景氣中的商機3：機動服務（活動彩妝車）

如果在北臺灣看到這輛麵包車，你一定會被它超級卡娃伊的外型吸引，它不只外表可愛，內裝更是豐富，可說是一家行動美容院。它也是一對七年級姊妹創業夢想的實現。

李芊慧由萬能科大化妝品應用管理系畢業，她和讀醒吾技術學院應用外語系畢業的妹妹李治慧，都是從十幾歲就開始工作。李芊慧國中就到美容院從洗頭小妹做起，一直熬到成為 M.A.C. 的彩妝師；妹妹則曾在日系ＳＰＡ館工作。幾年前，兩人都覺得應該是自己能夠獨當一面的時候，當時李芊慧想開店，妹妹則想有輛車，上網後發現日本有人用改裝車做行動洗狗車的生意，靈機一動覺得可以來做行動彩妝，最後便找到臺北的改裝車廠商，完成這輛獨一無二的「行動彩妝車」。

李芊慧說，現代人生活忙碌，特別是女性要美髮、美容、做美甲保養，有時候還要做整體造型，全部弄完得跑好幾間不同的店家，既花時間，加起來開銷也不小。於是，不景氣的時代，消費者為了省錢省時，便讓行動到府的美容保養找到商機。

改裝車廠根據姊妹倆的設計要求，除了將整輛車改成粉色系，內裝也大福修改成休閒空間，讓兩姊妹開到顧客家或指定地點後即可投入工作。對於不喜歡出門或覺得時間就是金錢的貴婦們來說，即使價格貴一點，還是很願意姊妹倆上門服務。

只要行動彩妝車一出動，搶眼的外型沿路都引路人注意，隨著客人滿意的口碑，她們每天都要跑好幾趟，最遠還曾到花蓮出勤，客戶從十幾歲到八十幾歲阿嬤都有，後來也從到府服務拓展到企業行銷活動、企業彩妝課程等市場。

雖然也有人開始模仿她們的經營方式，但姊妹倆自信她們過去所學的經營「眉角」，是其他人學不來的。她們除了會將最新流行的資訊消化後告訴顧客，也能將日商無微不至的細膩服務流程和禮儀轉化成內訓課程，而且不會僱用不認同這套服務理念的員工。慢慢的，光顧過的顧客不僅一試成主顧，還會介紹朋友成為顧客。每次服務後，姊妹倆還會拍照做紀錄，到年底時再將照片集結成冊送給顧客，這種窩心的服務讓顧客們感動不已。

剛開始創業時，姊妹倆以為照打工時所學到的計價方式來訂價就可以，結果一個月下來，每天忙到只休息一小時，收入卻不見成長。這幾年下來，旗下包括正職及特約美甲、美容、彩妝師已將近二十人，業績也翻了四、五倍。李治慧因此建議想投入宅美容市場的人，一定要仔細估算成本與定價。她也建議想切入行動服務的正當業者，務必注意保護自己，做好事前把關的工作，才能讓這樣的服務做得長長久久。

不景氣中的商機4：個資維護（文件銷毀中心）

很難想像即使在強調E化與無紙化的今天，企業還是不斷生產數以噸計的文件，像銀行、壽險公司、會計師事務所、律師事務所、公家機關等，都在不斷列印許多電子檔案無法取代的文件。然而國人在處理廢棄文件時，往往隨手一撕就丟到垃圾桶，這樣隨意的處理形成資料外洩的風險，之前甚至發生醫院將病患的病歷資料裁切後當成給大眾使用的便條紙，搞得風風雨雨。這都表示許多企業對於如何處理個人資料還是挺沒概念且頭痛的。

在別人眼中是麻煩的頭痛問題，在潘光華眼中卻是可將廢紙變黃金的商機。原本在化工公司擔任行銷職務的潘光華，有次被主管叫去銷毀過期文件與資料，在碎紙機前，潘光華一站就是半天，過程中竟然還看到客戶的各種私密資料。

他發現，讓員工自行處理大量廢棄文件，不僅浪費寶貴的人力資源，還有機密外洩的風險，靈光一閃，他抓到企業擔心機密外洩的危機感，便開始上網研究國外的文件銷毀產業，最後靠著自己擬定的營運計畫書，說服老闆投資三百萬元，開發國內從未有的文件銷毀市場。

潘光華很清楚，外商、金控、壽險及公家機關都是他的潛在客戶。為了讓客戶安心，專業的文件銷毀設備與讓客戶安心的標準作業流程（SOP）便是新事業能否在臺灣立地生根的關鍵。

為此，他透過網路引進美國最大品牌的碎紙機設備，在一輛中型貨車上加裝工業級碎紙機、電腦、錄影設備、發電機及冷氣，成為全國第一台專業的移動式碎紙車。「只要客戶有需求，我們可到府服務。」曾當過中華職籃場務和NIKE運動行銷的潘光華相信，這台可現場處理三百公斤文件的碎紙車，足以滿足大多數企業的需求，而且車子在路上奔馳或到企業服務時，還是種活廣告。

不過，由於沒有前例可循，潘光華和他的團隊只能土法煉鋼，一通通電話拜訪客戶。由於大家根本沒聽過文件銷毀這個行業，一開始幾乎都以為他是要推銷碎紙機，往往沒聽完就急著掛電話。

也因此，頭一年他們像瞎子摸象一樣，「好不容易有客戶叫我們過去簡報，都足以讓我們高興好幾天！」就這樣，潘光華宛如在高不見頂的森林中，披荊斬棘砍出一條屬於自己的路。在鍥而不捨的開發客戶過程中，他也發現每個人對「機密」的定義都不同。例如，國高中並不認為學生考卷有何機密可言，但像淡江大學就認為必須銷毀大量的學生考卷，以避免外流變成考古題。

也因為他在碎紙機上安裝錄影設備，客戶因此能透過網路全程監控，安心把這項工作交給他。他還會把錄影過程燒成光碟讓客戶存檔，這些都是他領先國外同業的「臺灣經驗」，同時也藉此嚴格要求負責文件銷毀的同仁，嚴格遵守「不正視機密文件」與「不規則送入輸送帶」等SOP。

現在，潘光華的史瑞德文件銷毀中心已經擁有將近千家客戶。只要細心觀察，不自我設限，即使不景氣也能開發新商機。

不景氣中的商機5：海外代購（專業韓貨代購）

代購之所以廣受歡迎，在於只要消費者喜歡，即使多花一點錢，也願意從國外購買那些臺灣買不到，或有代理商進口卻可省下幾成價差的商品。且不景氣時，歐、美、日等國的精品打折下殺幅度都比臺灣更大，如果匯率又對臺幣有利，過去買不下手的，現在都可以輕鬆擁有。

早期的網路代購是從網路社群開始，通常都是版主在國外網站上發現某個寶物，順道詢問版友想不想一起買，就這樣幫其他版友一起訂購。有些版主最後算算自己還賺點小錢，覺得這樣的生意好像可以做，便有了固定的代購業務。

海外代購服務有個特色，那就是它幾乎沒有開店的資金門檻。因為一般海外代購都會要國內買主預付貨款，因此只要接得到代購訂單，就可以開始做生意。不過，海外代購也不是那麼容易就能創業成功，有幾點需要注意：

1. 由於代購都以先收訂金或全額費用為操作方式，因此如何讓買家願意相信一個從未交易過的代購商便是重點。剛起步時尤其對每一筆訂單都要全心處理、做好客服，只有靠客戶的口碑才能讓事業做下去。
2. 一旦報價後就不能因任何理由向客戶要任何額外費用，否則再好的網友都會翻臉。

3. 要有越做越大的心理準備。因為代購的利潤通常來自於按訂單金額所收取的、一定比例的服務費，因此訂單金額越大，利潤也越高。

4. 如果在海外有個合作夥伴最好，這樣對方可以在國外對代購商品的品質做初步把關。此外，你的夥伴也可以先在海外將商品與外包裝箱分開再空運回臺灣，降低被海關抽檢，甚至付關稅的機率。因為海關有時是以海外寄送同一地址的頻率而非數量來抽驗。

在計價方面，代購的成本通常包括(1)商品價格、(2)當地國內陸運費、(3)航空運費、(4)關稅、(5)臺灣內陸運費與(6)服務費。其中，由於商品價格是從當地國貨幣轉換成臺幣，因此賺得多或賺得少就看代購商對匯率操作的能耐，其餘部分則都滿透明的，不容易有利潤空間。

在海外代購市場中頗有知名度的韓物舍老闆葉蕎荷，其實一開始也是從副業做起。剛開始，她只在PChome商店街開店，後來在朋友介紹下認識一位韓國華僑，讓她決定開始韓貨代購的新事業。一開始，韓物舍只有葉蕎荷、她弟弟和韓國華僑三人一起經營。她說，經營網路韓貨代購一定要在當地有人才玩得下去，因為韓國業者和日本一樣，通常都不願意將商品寄往國外，所以代購業者一定要在韓國有人收貨才行。

做韓國代購比日本代購難的原因是，國人看日文多少還能用猜的，韓文則是完全霧煞煞。為了區隔優勢，葉蕎荷還推出免費幫客戶翻譯網頁的服務，請韓國的合作夥伴將商品的定價、規格及其他說明事項翻成中文後再回傳給客戶，解決語言上的障礙。當然她也曾遇過請她翻譯了幾頁化妝品的產品說明、接著就再沒下文的客戶，但她貼心的服務還是讓配合過的客戶很少再找其他業者，這些老主顧之中還包括幾位住在臺北市仁愛路豪宅的貴婦們。

除了珠寶飾品、服飾、鞋子，她也幫客戶代購過水族箱、自行車車架、電腦機殼、狗窩，甚至還有在美國讀書的韓國學生請她代購一整套同人誌書籍。她的業績穩定成長，加上有密切配合的報關行與貨運公司，讓她的航空運費能壓低到每〇・五公斤只要新臺幣五十元，而且只要商品送到貨運公司，保證隔天一定能到臺灣。

想要靠網路代購賺到第一桶金，每天一定要看匯率，匯率好就搶買一些，尤其因為臺幣兌換韓元必須先換成美金，兩次轉換讓匯兌風險大增；此外，由於海外代購退換貨問題複雜，因此一定要明定代購的退貨政策，才能避免售後糾紛損害了網路代購業者最重要的商譽。

注7：Capability／Price，即產品價格與品質的比值，花越低的價格買到愈高品質的東西，代表其C／P值越高。

創業避雷指引——

張志誠

1. 景氣差時，消費者並不是沒有錢，而是消費習慣改變，轉而將錢花在刀口上。
2. 即使景氣差，過去的中產階級追求一慣生活品質的企圖與習慣並沒有改變，反而更希望能以較合理的價格得到中間偏上的產品或服務。
3. 創業前務必多了解想投入行業的生態，以及是否承擔得了每天的工作量。
4. 景氣差時，更需要風險意識。
5. 雖說創業要抱著背水一戰、退一步即無死所的態度，但前提是方向要正確。如果發現現實與理想的差距太大，或是資金無法接應，最好還是及早設立停損點，才不會越陷越深。
6. 產品差異化越低，價格競爭越激烈。
7. 不景氣時尤其該藉由不斷的創新，做出具差異化的產品或服務。
8. 產品或服務可分成⑴萃取的初級產品、⑵製造產品、⑶提供服務與⑷籌劃體驗四個層次。
9. 全球不景氣可能是長期的趨勢，創業者需找出不景氣時代的新消費思維與習慣，並從中發展出新產品及服務，從M型社會中切出雙M型社會「中間偏上」的消費需求。

10. 創業者越站在消費者的立場設想，越能得到顧客的認同與較高的利潤。

11. 創業者若沒有研發與製造產品的能力，至少該有找到新產品及貨源的能力。

12. 除了能搶占市場的獨特產品或服務，足夠的人脈也是成敗的關鍵。

13. 創業十六字口訣：人無我有、人有我好、人好我俗、人俗我走。

14. 降低成本、用心觀察、仔細分析，藉此確定主力產品、找到主力客層，才能有效獲利。若能滿足少數或有特殊需求的消費者，更可能開創一塊全新的市場。

15. 產品是演員，服務人員是道具，所有道具存在的目的，都在讓演員得金馬獎。

WIN系列 004

小資創業賺到翻！——網拍、加盟、工作室，避開創業10大地雷

作　者——張志誠
主　編——陳信宏
責任編輯——葉靜倫
責任企畫——曾睦涵
封面設計——我我設計工作室 wowo.design@gmail.com
內頁設計——張瑜卿
校　對——張志誠、謝惠鈴、葉靜倫

董事長——趙政岷
出版者——時報文化出版企業股份有限公司
108019台北市和平西路三段二四〇號三樓
發行專線—（〇二）二三〇六—六八四二
讀者服務專線—〇八〇〇—二三一—七〇五・（〇二）二三〇四—七一〇三
讀者服務傳真—（〇二）二三〇四—六八五八
郵撥—一九三四—四七二四時報文化出版公司
信箱—10899台北華江橋郵局第九九信箱

時報悅讀網——http://www.readingtimes.com.tw
讀者服務信箱——newlife@readingtimes.com.tw
第二編輯部粉絲團——http://www.facebook.com/readingtimes.2
法律顧問——理律法律事務所 陳長文律師、李念祖律師
印　刷——勁達印刷有限公司
初版一刷——二〇一三年三月二十二日
初版七刷——二〇二一年三月二十二日
定　價——新臺幣三〇〇元

時報文化出版公司成立於一九七五年，
並於一九九九年股票上櫃公開發行，於二〇〇八年脫離中時集團非屬旺中，
以「尊重智慧與創意的文化事業」為信念。

ISBN 978-957-13-5735-5
Printed in Taiwan

小資創業賺到翻！
——網拍、加盟、工作室，避開創業10大地雷
張志誠　著
-- 初版 . -- 臺北市 : 時報文化 , 2013.3
面 ;　公分 . -- (WIN, 004)

ISBN 978-957-13-5735-5 (平裝)
1. 創業　2. 職場成功法

494.1　　102003576